Die Großherzoglich Badischen Staatseisenbahnen

Die Großherzoglich Badischen Staatseisenbahnen

Ihre Geschichte, Lokomotiven und Reisezugwagen
in Wort und Bild

Von Albert Mühl

Mit 83 Fotos auf Kunstdrucktafeln und 84 Zeichnungen

Franckh'sche Verlagshandlung Stuttgart

Schutzumschlag gestaltet von Edgar Dambacher
unter Verwendung eines Dias von Theodor Düring

Das Bild zeigt die Lokomotive 18323 (bad. IVh) vor Dsts 4290 (Kiel Hbf — Minden) beim Wassernehmen in Rotenburg an der Wümme

CIP-Kurztitelaufnahme der Deutschen Bibliothek

Mühl, Albert:

Die Grossherzoglich-badischen Staatseisenbahnen : ihre Geschichte, Lokomotiven u. Reisezugwagen in Wort u. Bild / von Albert Mühl. — Stuttgart : Franckh, 1981.
ISBN 3-440-04933-7

Die Großherzoglich Badischen Staatseisenbahnen

I. Die Großherzoglich Badischen Staatseisenbahnen

1. Eisenbahnbau – Allgemeine Entwicklung

In dem am 29. März 1838 verkündeten badischen Eisenbahngesetz heißt es: „Von Mannheim über Heidelberg, Carlsruhe, Rastatt, Offenburg, Dinglingen und Freiburg bis zur Schweizer Grenze bei Basel wird eine Eisenbahn erbaut, Kehl wird durch eine Seitenbahn mit der Hauptbahn verbunden ... Der Bau wird auf Staatskosten ausgeführt." Dies ist der Geburtstag der Großherzoglich Badischen Staatseisenbahnen; einer der ersten Staatsbahnen überhaupt. Schon am 14. 4. 1838 ist die Eisenbahnbaudirektion etabliert worden. Deren drei Mitglieder — anerkannte Autoritäten, darunter ein hoher Militär — empfahlen die Ausführung der Bahn in einer Spurweite von 1600 mm, zweifellos unter englischem Einfluß. Das war die erste schwerwiegende technische Fehlentscheidung, die den Badenern viel Kummer bereiten und viel Geld kosten sollte. Dies erwies sich spätestens 1843 anläßlich des Staatsvertrages zwischen Baden, Hessen und der Freien Reichsstadt Frankfurt zum Bau der Main-Neckar-Bahn (Frankfurt — Heidelberg), worin die Spurweite von 1435 mm vereinbart worden ist. Die Diskussion um die badische Breitspur zog sich weit über ein Jahrzehnt hin, während der Bahnbau flott voranschritt. Endlich — die Breitspur lag bis Haltingen, vor den Toren Basels — waren Techniker und Politiker gezwungen, ihren folgenschweren Irrtum zu korrigieren. 63 der 66 vorhandenen Lokomotiven, über 1100 Wagen, 79 km einfaches und 203 km doppeltes Gleis, 33 Bahnhofsanlagen mußten von der Breit- auf die Normalspur umgebaut werden. Dies geschah zwischen Mai 1854 und April 1855 — eine technische Meisterleistung übrigens, zumal während dieser zwölf Monate ein gemischter Betrieb auf beiden Spurweiten aufrechterhalten wurde und dies ohne einen einzigen Unfall.

Am 12. September 1840 fand die Eröffnung der ersten badischen Eisenbahnstrecke zwischen Mannheim und Heidelberg statt. Das Staatsbahnnetz entwickelte sich dann wie folgt weiter:

Mannheim — Karlsruhe	1843
Karlsruhe — Offenburg	1844
Oos — Baden	1844
Offenburg — Freiburg	1845
Appenweier — Kehl	1845
Freiburg — Efringen	1848
Efringen — Haltingen	1851

Basel wird 1855 auf der zweigleisigen Normalspur erreicht. Das Streckennetz umfaßt jetzt 290 km, davon 273 km, das sind mehr als 94 Prozent, zweigleisig.

Bereits 1846 war Baden an die normalspurige Main-Neckar-Bahn angeschlossen worden, und 1853 hatte die Württembergische Staatsbahn Bruchsal, natürlich ebenfalls auf der Normalspur, erreicht.

Von Basel aus wird die Hauptbahn in Richtung Konstanz weitergebaut — sie erreicht 1856 Waldshut und 1863 den Endpunkt Konstanz. Die französische Ostbahn wird 1861 über eine feste Rheinbrücke zwischen Kehl und Straßburg mit Baden verbunden. Nächstes größeres Bahnbauprojekt ist die Odenwaldbahn, die von Heidelberg her 1866 in Würzburg den Anschluß an die Bayerische Staatsbahn herstellt. In den 60er und 70er Jahren werden auch mehrere Stich- und Verbindungsbahnen, z. T. als Privatbahnen, gebaut. Von 1866 bis 1873 zieht sich der Bau der Schwarzwaldbahn zwischen Offenburg und Singen hin. Diese ist eines der beiden Meisterwerke des badischen Eisenbahnbauers *Robert Gerwig* (1820—1885); sein zweites ist die Gotthardbahn. 1874 umfaßt das Streckennetz bereits 1131 km.

Nach 1871 setzt der Druck der preußischen Eisenbahnverwaltung ein. Sie versucht mit allen Mitteln, ihren Nord-Süd-Verkehr um Baden herumzulenken, vor allem über die linksrheinische Strecke der von ihr abhängigen bzw. in Personalunion von Berlin aus verwalteten Reichseisenbahnen in Elsaß-Lothringen.

Ebenfalls eine technische Meisterleistung stellt die 1887 eröffnete Höllentalbahn von Freiburg nach Neustadt mit einem 7 km langen Zahnstangenabschnitt zwischen Hirschsprung und Hinterzarten dar. Diese Gebirgsbahn wird 1901 in Donaueschingen an die Schwarzwaldbahn angeschlossen. Die Großherzoglich Badischen Staatseisenbahnen gehen 1914 mit einem Netz von 1856 km in den Weltkrieg.

Auf der badischen Eisenbahn wird bis 1888 links gefahren. Die Umstellung auf Rechtsverkehr erfolgt nach dem 1887/88 durchgeführten Umbau der Weichen und Signale.

2. Verwaltung und Organisation

Für den Bahnbau wurde am 14. 4. 1840 die „Großherzogliche Eisenbahn-Baudirection“ mit drei Mitgliedern errichtet. Sie ist am 1. 10. 1840 in die „Section Eisenbahnen“ der Großherzoglichen Oberdirektion des Wasser- und Straßenbaues umgewandelt worden. Diese bleibt bis 1872 zuständig für den Eisenbahnbau. Aufsichts- und Verwaltungsbehörde für den Bahnbetrieb war bis 1842 die Großh. Oberpostdirektion, von da bis 1853 die Direktion der Großh. Posten und Eisenbahnen und daran anschließend bis 1871 die Direktion der Großh. Badischen Verkehrsanstalten. Nach der Reichsgründung 1871 ging die badische Post an das Reich über, und mit Wirkung vom 1. 1. 1872 wurde die Generaldirektion der Großh. Badischen Staatseisenbahnen geschaffen (1920 Eisenbahn-Generaldirektion, 6. 7. 1922 Reichsbahndirektion Karlsruhe). Die staatliche Oberaufsicht über den Eisenbahnbau führte von 1838 bis 1853 das Großh. Ministerium des Innern und über den Eisenbahnbetrieb ab 1840 das Ministerium des Großh. Hauses und der auswärtigen Angelegenheiten, das 1853 auch die Bauaufsicht übernahm. Am 19. 4. 1860 wurde das 1881 wieder aufgelöste Handelsministerium für die oberste Aufsicht und Leitung des gesamten Verkehrswesens — Eisenbahnbau und -betrieb, Post- und Telegraphenanstalten, Wasser- und Straßenbau, Schiffahrt und Flößerei — errichtet. Es folgen die Ministerien der Finanzen 1881 bis 1893, des Großh. Hauses und der auswärtigen Angelegenheiten ab 7. 3. 1893 und wiederum der Finanzen seit 1. 6. 1911.

Direktion und Generaldirektion sind ab 1863 nach dem Kollegialsystem verfaßt, d. h. dem Generaldirektor*) stehen Kollegialmitglieder aus den verschiedenen zentralen und regionalen Dienstbereichen beratend zur Seite. Der Generaldirektion direkt zugeordnet sind die Zentralverwaltung und die zentralen Anstalten. Die Aufsicht über die verschiedenen Dienstzweige führen Inspektoren (1851 Inspektor der Magazine und Werkstätten, 1854 Transportinspektor, 1862 Hochbauinspektor, 1865 Inspektoren für Hochbau und Bahnbau, 1866 Inspektoren für den technischen Dienst und für den Transportdienst, 1872 Oberbetriebsinspektor, usw.), und ab 1872 gibt es bei der Generaldirektion Ressort-Abteilungen mit Hilfsbüros.

Die regionale Verwaltungs- und Betriebsorganisation besteht bis 1871 aus überwiegend kombinierten Post- und Eisenbahnämtern und den Bezirksingenieuren. Letztere führen die bau- und maschinentechnische Aufsicht. Durch die Neuorganisation 1872 wird die regionale maschinentechnische Aufsicht Bezirks-Maschineningenieuren übertragen. Der „äußere Dienst“ des Eisenbahnbetriebes wird 1884 nochmals neu geordnet und in drei Dienstzweige eingeteilt: Aufsicht führende Bezirksbeamte über den Betriebsdienst sind die Betriebsinspektoren, über den bautechnischen Dienst die Bahnbauinspektoren und über den maschinentechnischen Dienst die Maschineninspektoren. Letzteren obliegt „die Fürsorge für den betriebssicheren Zustand und die bestimmungsgemäße Verwendung des Fahrmaterials und der für den Dienst erforderlichen maschinellen Einrichtungen sowie Leitung und Beaufsichtigung des technischen Teiles des Fahrdienstes und des Betriebswerkstättedienstes“. Für die Bodenseeschiffahrt sind ein Dampfschiffahrtsinspektor (Betriebsdienst) und der Bezirks-Maschineninspektor (Schiffsmaschinendienst und Unterhaltung) in Konstanz zuständig. Die letzte Neuorganisation von 1913 trennt den maschinentechnischen Dienst in einen Zugförderungsdienst, für den nach wie vor die Maschinen-Inspektionen zuständig sind, und in einen Werkstättendienst, wofür regionale Werkstätteinspektionen und lokale Werkstätteämter eingerichtet werden. Die örtlichen Dienststellen des Zugförderungs- und Werkstättendienstes sind die Betriebswerkstätten, ab 1913 Betriebswerkmeistereien.

Ende der vierziger Jahre entstand in Karlsruhe die *Eisenbahn-Hauptwerkstätte*. 1851 wurde für die Leitung und Verwaltung des Magazins- und Werkstättendienstes in Karlsruhe eine Inspektion der Magazine und Werkstätten, die auch für den technischen Fahrdienst zuständig ist, eingerichtet und der Direktion unmittelbar unterstellt. 1854 erhielten Hauptwerkstätte und Hauptmagazin eine eigene, der Direktion unmittelbar untergeordnete Verwaltung (1867 geteilt). Der Vorstand der Hauptwerkstätte war bis 1871 „Aufsichtsbeamter der Lokomotiven und Wagen“. Er trägt seit 1872 den Titel „Obermaschinenmeister“ (bis 1893). Erster Vorstand war Johann Klingel. Ihm folgten Obser (1857—1865), Karl Delisle (1865—1872), Hermann Esser (1872—1891), Kutruff (1891—1908) und Schmidt (1908—1921).

Während der ersten Jahrzehnte hatten die Vorstände der Hauptwerkstätte zweifellos entscheidenden Einfluß auf die Fahrzeugbeschaffung. 1856 wechselte Johann Klingel von der Hauptwerkstätte in die Direktion als maschinentechnischer Oberbeamter über; ab 1872 war er Referent für den Maschinen- und Fahrdienst in der Technischen Abteilung der Generaldirektion. Bei dieser Abteilung ist 1876 das *Maschinentechnische Büro* ein-

*) Hermann Zimmer 1872—1876 (Direktor 1854—1871), Wilhelm Eisenlohr 1876—1902, August Roth 1902—1918, Julius Schulz 1918—1924.

gerichtet worden, welches 1884 der Betriebsabteilung zugeordnet wurde. Klingel ist 1883 im Zuge einer durch die Hugstettener Katastrophe verursachten Verjüngungsaktion des höheren Beamtenapparates ehrenvoll in Pension geschickt worden. Das Maschinentechnische Büro — verantwortlich für Beschaffung, Unterhaltung und Einsatz der Fahrzeuge — wurde seit 1884 von einem Kollegialmitglied der Generaldirektion geleitet. Die maschinentechnischen Oberbeamten der Generaldirektion sind gewesen:

1857—1883 *Johann Klingel*
(1844 Bahningenieur, Ende der vierziger Jahre Vorstand der Hauptwerkstätte, dann Oberbaurat und Direktionsmitglied)

1884—1891 *Hermann Bissinger*
(1849 Karlsruhe — 1918)
(1876 Maschineningenieur, 1881 Maschineninspektor der Generaldirektion, 1884 Baurat und Kollegialmitglied, 1891 Technischer Direktor der Elektrizitäts-AG vorm. Schuckert & Co., Nürnberg)

1891—1896 *Hermann Esser*
(1840 Köln — 1898)
(Maschineningenieur in Manchester, 1866 badischer Maschineningenieur, 1872 Bezirks-Maschineningenieur, 1874 Obermaschinenmeister und Vorstand der Hauptwerkstätte, 1884 Baurat, 1891 Kollegialmitglied, 1894 Oberbaurat, 1896 Baudirektor und Vorstand der Betriebsabteilung)

1896—1912 *Alexander Courtin*
(1861 Heidelberg — 1956)
(1886 Maschinenassistent, 1896 Maschineninspektor und Baurat, 1911 Vorstand der Betriebsabteilung, 1924 i. R. als Abteilungspräsident und Leiter der Maschinentechnischen Abteilung der Rbd. Karlsruhe)

1912—1920 *Heinrich Baumann*
(1871 Bretten — 1949)
(1899 Regierungs-Baumeister, 1904 Maschineninspektor, 1909 Oberingenieur beim Ministerium, 1910 Baurat, 1912 Kollegialmitglied, 1936 i. R. als Direktor der DR)

3. Bodenseeschiffahrt

Die bislang private badische Bodenseeschiffahrt wurde im Jahre 1863, als die Hauptbahn Konstanz erreichte, verstaatlicht und der Eisenbahnverwaltung unterstellt. Die unmittelbare Aufsicht führten jeweils die Bezirksbeamten in Konstanz. Dies waren ab 1884 der Dampfschiffahrtsinspektor (Betriebsdienst) und der Maschineninspektor (technischer Dienst), seit 1913 die Maschinen- und Dampfschiffahrts-Inspektion in Konstanz. Die Unterhaltung der Schiffe erfolgte in der Werft der Betriebswerkstätte Konstanz.

Von den Großh. Badischen Staatseisenbahnen sind — außer zwei Trajekt- und zwei Güterschiffen — die folgenden Personendampfer in Dienst gestellt worden:

1863 Glattdeckdampfer „Germania"
(Escher, Wyß & Cie.)

1871 Salondampfer „Kaiser Wilhelm" (Flaggschiff)
(Escher, Wyß & Cie.)

1877 Salondampfer „Greif"
(Gebr. Sulzer)

1888 Salondampfer „Zaehringen"
(J. A. Maffei)

1895 Salondampfer „Stadt Ueberlingen"
(J. A. Maffei)

1901 Salondampfer „Stadt Konstanz"
(Gebr. Sachsenberg)

1902 Salondampfer „Stadt Meersburg"
(Gebr. Sulzer)

II. Die Lokomotiven

1. Dampflokomotiven

a) Grundzüge der badischen Lokomotivgeschichte

Wie überall auf dem europäischen Kontinent bezieht man auch in Baden seine ersten Lokomotiven aus England. Sehr frühzeitig jedoch zeigt sich heimische Initiative. Es ist der 27 Jahre alte Badener *Emil Kessler,* der mit hohem technischem und unternehmerischem Geschick die Gelegenheit beim Schopf ergreift und zu einem der großen Pioniere des deutschen Lokomotivbaus wird. Zunächst kopiert man getreu das englische Vorbild — dies geschieht überall, so auch in Karlsruhe. Sogleich aber fließen eigene Ideen in die Konstruktionen ein. Emil Kessler und der Elsässer J.-J. Meyer in Mülhausen — letzterer baut gleichfalls Lokomotiven für Baden — tauschen Gedanken und Konstruktionszeichnungen aus. Außenseiter wie Hartmann und Lindt in Heidelberg wittern ein Geschäft, versuchen sich im Lokomotivbau und gehen daran finanziell zugrunde. Schon regen sich Interesse und echte Bemühungen des Staates, die einheimische Industrie zu fördern. Kessler gründet in Karlsruhe eine der ersten Lokomotivfabriken in Deutschland. Sie gerät allerdings nach Kesslers zweiter Fabrikgründung in Esslingen in finanzielle Nöte und muß liquidiert werden. Der badische Staat kauft die Fabrik und überführt sie in eine Aktiengesellschaft unter der Firma „Maschinenbau-Gesellschaft Karlsruhe". Sie ist Hauslieferant der Großh. Badischen Staatseisenbahnen geblieben — mit mehr oder weniger Erfolg, wie wir sehen werden. Zu konstruktiven Großtaten konnte sie sich kaum aufschwingen.
Der bedeutende Lokomotivkonstrukteur *Niklaus Riggenbach* ist bei Kessler in Karlsruhe mit dabeigewesen, zuletzt als Leiter des Lokomotivbaus. In diesem Zusammenhang muß auch einer der ersten Maschinenbautheoretiker genannt werden: *Ferdinand Redtenbacher* (1809—1863), seit 1841 Professor für Maschinenbau an der Polytechnischen Schule in Karlsruhe (1855 Technische Hochschule). Er hat die frühen badischen Lokomotivkonstruktionen maßgeblich beeinflußt. Sein grundlegendes Werk „Die Gesetze des Locomotivbaues" erschien 1855 in Mannheim.
Die badische Lokomotivgeschichte läßt sich in drei Entwicklungsphasen einteilen. Die *Breitspurperiode,* die anfangs unter englischem Einfluß steht, wird von Kessler zu Ende entwickelt. Er baut 1845 den ersten deutschen Dreikuppler für Baden. Während dieser Zeit hat sich der deutsche Lokomotivbau fest etabliert, auch andernorts. Der *folgende Entwicklungsabschnitt* umfaßt die beiden ersten Generationen von Normalspurlokomotiven, die zwischen 1854 und 1891 gebaut werden. Herausragende Marksteine sind die unter Redtenbachers Einfluß entstandenen Crampton-Lokomotiven (1854) und deren durchaus folgerichtige Weiterentwicklung zur 2'B-Schnellzugmaschine (1861). Leider ist das führende Drehgestell in der Folgezeit nicht konsequent fortentwickelt worden. Die Konstrukteure der Karlsruher Maschinenfabrik gaben den Ton an. Mißgriffe waren der großrädrige Dreikuppler (1864) und der kleine Zweikuppler (1866). Es waren dies Jahrzehnte, in denen — nicht nur in Baden — technische Gedankenarmut, unsicheres Herumbasteln vorherrschen, in denen den Konstrukteuren nicht viel einfällt. Die Situation ändert sich schlagartig, als Hermann Esser 1891 von der Hauptwerkstätte in die Lammstraße als maschinentechnischer Baurat umgezogen war. Er leitet den *dritten Abschnitt* und zugleich den Höhepunkt der badischen Lokomotivgeschichte, den der eigentlichen modernen Lokomotive, ein. Nun beginnt auch der ohnehin bereits verblaßte Stern der Maschinenbau-Gesellschaft Karlsruhe zu sinken. Während der ersten drei Jahre seiner kurz bemessenen Amtszeit bringt Esser Jahr für Jahr eine neue Lokomotivkonstruktion über den Rhein — aus dem Grafenstadener Werk der Elsässischen Maschinenbau-Gesellschaft, nach den Entwürfen Alfred von Glehns*). Essers Nachfolger Alexander Courtin, einer der herausragenden Länderbahn-Lokomotivchefs, verbündet sich mit Anton Hammel in München: Jetzt ist J. A. Maffei am Zuge — und bleibt es bis 1918. Der Stern der Karlsruher Lokomotivfabrik sinkt tiefer. Sie darf im wesentlichen nur fremde Konstruktionen nachbauen; Eigenentwicklungen wie VIa

*) Geboren 1848 in England als Sohn des baltischen Adligen Robert von Glehn und der Schottin Agnes, geb. Duncan. Eingetragen im Sterberegister der Stadtverwaltung Mulhouse unter Nr. 795/1936 als „Alfred George von Glehn".

und IVg sind Fehlkonstruktionen. Doch auch Courtin muß einen Rückschritt hinnehmen: In Karlsruhe setzt man noch 1908 auf den englischen Clench-Dampftrockner und vermeint — aus Sparsamkeitsgründen — die Schmidt'sche Heißdampfgesellschaft in Kassel aus dem Geschäft lassen zu können. Der letzte maschinentechnische Leiter der Großh. Badischen Staatseisenbahnen, Heinrich Baumann, krönt die Entwicklung der badischen Lokomotive mit der IVh, die wiederum in Zusammenarbeit mit Hammel entsteht und von Maffei in München gebaut wird.

Der Lokomotivpark der Badischen Staatseisenbahnen war von Anfang an in mit römischen Ziffern bezeichnete Gattungen eingeteilt. Später traten zu den Ziffern Kleinbuchstaben zur weiteren Unterscheidung. Jede Lieferung einer Gattung erhielt buchmäßig einen Index mit hochgestellter arabischer Zahl. Die Nummerung der Lokomotiven erfolgte sowohl nach dem fortlaufenden System als auch durch — teilweise mehrfache — Zuteilung von Nummern ausgemusterter Lokomotiven an Neubauten. Alle bis 1868 in Dienst gestellten Maschinen mit den Betriebsnummern 1 bis 217 trugen Namen. Namensschilder und Nummern ausgemusterter Lokomotiven wurden auf die Ersatzbauten übertragen. Alle Namensschilder sind entfernt worden, nachdem 1882 die Lokomotive 153 „Kniebis" bei Hugstetten ein folgenschweres Eisenbahnunglück verursachte und darauf die Nachbarverwaltungen auf ihr Gebiet übergehende badische Lokomotiven mit Mißtrauen beäugten.

Die Grundfarbe der badischen Lokomotiven war anfangs wohl hell-, dann stets dunkelgrün, das rasch nachdunkelte und sich als Schwarz darstellte. (Nur für die Werkaufnahme strichen die Karlsruher ihre Lokomotiven hellgrau an.) Viele Maschinenteile waren blank gescheuert, Kesselaufbauten in der Regel mit Zierleisten aus Buntmetall versehen. Auch Rahmen und Räder waren dunkelgrün, Rauchkammer und Kamin dagegen schwarz. Die Räder wurden gegen Ende der achtziger Jahre rot. Die Einfassungen waren schwarz, zunächst mit hochroten, später dann mit hellgelben Linien abgesetzt.

Namens- und Wappenschilder sowie die Täfelchen mit Gattungsbezeichnung und Betriebsnummer bestanden aus Messing oder Rotguß und hatten schwarzen Grund. Viele Bauarten der mittleren Periode waren mit außenliegenden Apparaten überladen. Die Vertreter der modernen Generation, insbesondere die Reisezuglokomotiven, waren von vornehmer Eleganz. Es muß schon ein Anblick gewesen sein, der einem das Herz höher schlagen ließ, wenn ein badischer Schnellzug mit der mächtigen und doch schlanken IId und den „opulenten" großfenstrigen D-Zugwagen hinter dem Tenderhaken die badische Hauptbahn entlangbrauste!

b) Die Breitspurlokomotiven 1840 bis 1854

Die beiden ersten Lokomotiven — „Loewe" und „Greif" — der badischen Eisenbahn — typische Sharp-1A1-Maschinen mit Innenzylindern und Außenrahmen — trafen am 13. April 1840 im Mannheimer Hafen ein. Zwei identische folgten im Juni 1841. Sie erhielten die Gattungsbezeichnung *Ia.* Zwei in der Karlsruher Werkstätte von Kessler und Martiensen auf eigene Faust den Sharpmaschinen nachgebaute Lokomotiven kaufte die Eisenbahnverwaltung im Frühjahr 1842 an: „Badenia" und „Carlsruhe"; sechs weitere wurden bei Emil Kessler bestellt und 1843 abgeliefert, Gattung *Ib.* Einer Sharp'schen Nachlieferung 1843 (Ia) folgt im gleichen Jahr Kesslers neunte Lokomotive, die „Expansion": Bauart Sharp mit Meyer'scher Expansionssteuerung.

Robert Stephenson lieferte insgesamt neun 1A1-Patent-Longboiler-Lokomotiven mit Vierseitkuppel: vier mit Innenzylindern, Gattung *II* (1843/44), und fünf mit Außenzylindern, Gattung *IV* (1845). Aufgrund eines von der Direktion und Kessler gemeinsam aufgestellten Programmes entstand 1844 die vorletzte badische 1A1, von Kessler-Karlsruhe *(IIIa)* und Meyer-Mülhausen *(IIIb)* geliefert: eine vergrößerte „Expansion" mit Langrohrkessel. Es folgte eine Nachbestellung mit größerem Kessel, Gattung *IIIc.*

Die erste badische gekuppelte Lokomotive wurde 1845 in Dienst gestellt, eine 1B-Maschine mit Außenzylindern und Innenrahmen, hintere Achse als Treibachse, Gattung *V,* von Meyer-Mülhausen. Zur gleichen Zeit baute Kessler den ersten deutschen Dreikuppler: eine C mit Langrohrkessel, Außenzylindern und Innenrahmen, Gattung *VI,* die viele Konstruktionsteile mit der 1B — wie im Lieferprogramm ausdrücklich vereinbart — gemeinsam hatte. Vier amerikanische 2B, Gattung *VII,* von Norris in Philadelphia gelangten 1846 zur Ablieferung. Nach kostspieliger Aufarbeitung verschiedenartiger Mängel scheinen sich diese Drehgestellmaschinen bewährt zu haben.

Den Abschluß der Entwicklung sowohl der badischen 1A1 als auch der Breitspurlokomotive bildete die Gattung *VIII,* von Emil Kessler 1847 gebaut, darunter seine 100. Lokomotive, die seinen Namen trug. Es war im wesentlichen ein Nachbau der Stephenson'schen Maschinen mit einigen Verbesserungen von Kessler; sie waren übrigens „konvertibel" konstruiert, d. h., daß sie ohne besondere Schwierigkeiten auf Normalspur geändert werden

konnten. Man begann also schon über das Spurproblem nachzudenken.
Die Lokomotive Nr. 66 „Loerrach“ stammt von einem Außenseiter. Sie wurde 1846 in der Werkstatt von Hartmann und Lindt in Heidelberg auf eigene Faust als 1A1 nach Stephenson-Patent gebaut und der Direktion angeboten. Die Probefahrt verlief kläglich, der Ankauf wurde abgelehnt und die Entfernung der Lok vom Bahngelände gefordert. Schließlich ist sie 1848 dann doch übernommen worden, allerdings erst nachdem Kessler sie gründlich umgebaut hatte. Sie wurde in die Gattung VIII eingereiht.

Der Umbau auf Normalspur

Die Umrüstung des badischen Breitspurnetzes auf Normalspur 1435 mm ist zwischen Mai 1854 und April 1855 erfolgt. 63 der vorhandenen 66 Lokomotiven und 65 Tender (die „Loerrach“ war ohne Tender geliefert worden) mußten umgespurt werden. Dabei ergaben sich vielerlei technische Probleme, die entsprechend dem damaligen Wissen und Können sowie mit den vorhandenen Mitteln einfallsreich und zudem erstaunlich rasch gelöst worden sind. Einige Bauarten wurden notgedrungen einer Radikalkur unterzogen. Die Konstruktionszeichnungen erstellte die Maschinenbau-Gesellschaft Karlsruhe. Diese hat 17, die Hauptwerkstätte 46 Breitspurlokomotiven umgebaut.
Nach Ausmusterung dreier Maschinen der Gattung I wurden die restlichen umgespurt, wobei die zu dicken Kessel durch neue ersetzt worden sind. Vier Lokomotiven sind zusätzlich in Tenderlok umgeändert worden. Gattung II wurde in eine 2A mit Blindachse unter Beibehaltung von Kessel und Triebwerk und Ersatz des Außen- durch einen Doppelrahmen umgebaut. Die Lokomotiven sind erst 1858/59 wieder dem Betrieb übergeben worden. Das Umspuren der Gattungen III und IV erfolgte ohne besonderen Aufwand, während die 1B-Lokomotiven (Gattung V) Außenrahmen und Hall'sche Exzenterkurbeln erhielten und die zweite Achse als Treibachse ausgestaltet wurde, damit der alte Kessel tiefer gelegt werden konnte. Analog sind die C-Maschinen der Gattung VI unter Verzicht auf die vordere Kuppelachse durch Entkupplung derselben behandelt worden. Bei den „Amerikanern“ (Gattung VII) sind die Radstände durch Verschiebung der Achsen nach vorne verändert und der Barrenrahmen hinten mit einem angeschweißten (!) Blechrahmen verlängert worden. Obwohl die 1A1-Lokomotiven der Gattung VIII konvertibel konstruiert waren, sind sie mit kleineren Rädern in 1B umgebaut worden, wodurch der Kessel niedriger gelegt werden konnte. Eine möglichst niedrige Kessellage war bekanntlich eine der fundamentalen Forderungen in Redtenbachers Theorie, die ihre Vollendung in den gleichzeitig entstandenen Cramptons fand. Die „Loerrach“ wurde gleichfalls in eine 1B geändert. Die sieben Kessler-Lokomotiven sind ab 1865 ein weiteres Mal umgebaut worden, und zwar in Tendermaschinen mittels Aufsetzen eines Satteltanks auf den Kessel.
Die umgebauten bzw. umgespurten Breitspurlokomotiven haben noch jahrelang gute Dienste auf der Normalspur geleistet. Noch viel langlebiger waren die Tender. Diese wurden, z. T. nach nochmaliger Änderung, später auch mit Normalspur-Neubaulokomotiven gekuppelt.
Während des Umbaus bzw. bei der Montage sind übrigens die Namensschilder mehrerer Lokomotiven vertauscht worden (s. Lokomotiv-Verzeichnis).

c) Die erste Normalspur-Generation 1854 bis 1866

Bereits vor Abschluß der Umbauarbeiten wird die Konstruktion von Normalspurlokomotiven in Auftrag gegeben. Nach der Einführung eines Schnellzugpaares mit I. und II. Klasse zwischen Mannheim und Haltingen am 1. 5. 1853 (ein zweites Paar 1855) besteht Bedarf an einer reinen Schnellzugmaschine. Deren Ausbildung als Crampton-Lokomotive geht auf Anregungen Redtenbachers zurück. Die badische Direktion stellt verschiedene Versionen dieser Bauart in Dienst. Zunächst, Ende 1854, die zwei Sondermaschinen „Adler“ und „Falke“: 2A, Außenzylinder und Außenrahmen, Kessler'scher Patent-Birnkessel, rückkehrende Rauchkammer mit mittlerem Schornstein. Wenige Monate nach Ablieferung sind beide auf normale Rauchkammer umgebaut worden. Die folgenden acht Cramptons haben ein „drehbares Vordergestell“ und Birnkessel. Der glatte Crampton-Kessel erscheint erstmals bei den drei 1856 in der Hauptwerkstätte fertiggestellten Maschinen mit zwei starren Vorderachsen und kleineren Treibrädern (1890 mm im Gegensatz zu 2134 mm der Vorgänger). Diese erhalten Nummern, Namensschilder und Tender der drei ausgemusterten Breitspurmaschinen, sowie die Gattungsbezeichnung *Ic,* während alle anderen badischen Crampton-Lokomotiven unter der Gattung *IX* geführt werden. 1858/59 und nochmals 1863 werden weitere Cramptons mit großen Treibrädern (2134 mm) in Dienst gestellt. Die letzte Lieferung kommt etwas spät, und es stellen sich Schwierigkeiten beim Anfahren vor den 120 t schweren Schnellzügen ein. Als „Paradepferde“ galten sie damals schon nicht mehr. Eine Vertreterin der letzten Serie, die Nr. 13 „Phoenix“, steht heute im Nürnberger Verkehrsmuseum.

Abgelöst wurden die Cramptons von einer recht bemerkenswerten 2'B-Bauart, Gattung *XII*, die die Rückkehr zum führenden Drehgestell brachte. Sie ist der von Maffei ab 1855 für die Schweizer Nord-Ost-Bahn gelieferten Type abgeschaut worden. Zwischen 1861 und 1875 sind — mehrfach verändert und verbessert — insgesamt 90 Maschinen in Dienst gestellt worden. Die von der süddeutschen Crampton-Bauart abgeleitete Grundkonzeption bestand aus vier 1830 mm großen Treib- bzw. Kuppelrädern vor und hinter dem Stehkessel, einem Drehgestell mit 1030 mm Achsstand, äußerem Haupt- und innerem Drehgestellrahmen, glattem Cramptonkessel mit Dom und Crampton-Regler. Die erste Serie brachte bereits 16 t auf die Treibachsen, gegenüber 10 t Reibungsgewicht der Cramptons. Züge von 170 t wurden anstandslos gefahren. Kessel und Armaturen sind im Laufe der Lieferzeit mehrfach verändert worden, z. B. Ersatz des Crampton- durch einen Belpaire-Kessel, vergrößertes Führerhaus, Verlegung des Doms, neue Kaminformen. Mit dem tiefliegenden Kessel entsprachen sie so recht der Redtenbacher'schen Theorie des tiefen Schwerpunktes, allerdings mit der lästigen Konsequenz eines zu gering bemessenen Kessels. Es gab vier verschiedene Kesselvarianten: Rostfläche 0,97 m² mit Rohrlängen 3305 (1861—64), 3455 (1864/65) und 3530 mm (1869/72), und Rostfläche 1,05 m² mit ebenfalls 3530 mm langen Heizrohren (1873/75). Der Kesseldruck betrug 7 atü. Bissinger ließ in den achtziger Jahren (bis 1891) 44 Lokomotiven (seit 1868 Gattung *III*) mit größeren Belpaire-Kesseln — Rostfläche 1,31 m², Rohrlängen 3188 und 3388 mm, 9 atü — ausrüsten. Der Einbau dieser Kessel machte eine Verlängerung des Rahmens am vorderen Ende erforderlich, wodurch ein noch stärkerer Überhang entstand und das kurze Drehgestell überbelastet wurde. Zugleich erhielten die Umbaumaschinen ein verbreitertes Führerhaus, das die hinteren Radumfassungen einschloß. Eine massive vordere Pufferbohle tat das ihrige zum Überhang und damit zur Überbelastung des Laufgestells. Mit dem Umbau waren diese Lokomotiven fahrtechnisch wie ästhetisch verdorben. Bissinger erkannte — spät zwar — den Mangel zu kleiner Roste, an ein weitgespreiztes Drehgestell hat er offensichtlich nicht gedacht. Auch bei seinen beiden folgenden 2'B-Schnellzuglokomotiven (IIa, 1888, und IIb, 1891) wurde das Drehgestell recht stiefmütterlich behandelt. Die umgebauten Maschinen der Gattung III erhielten die Bezeichnung *IIIb*, die in ihrem Originalzustand verbliebenen wurden *IIIa*. Unerklärlich bleibt, warum 1896/97, als auch die IIIb bereits der Ausmusterung anheimfiel, noch zehn IIIa in IIIb umgebaut worden sind.

Fast gleichzeitig mit den ersten Crampton-Lokomotiven entstand ein Dreikuppler (1855) für den Güterzugdienst, Gattung *X* (später Xa), mit Innenrahmen. Ihm folgte als Gütermaschine 1860 eine Außenrahmen-1B, Gattung *XI*, die die Karlsruher Fabrik zunächst als 2B-„Amerikanerlokomotive" konzipiert hatte. Der nächste Dreikuppler — 1864, Gattung *Xc* — mit 1530 mm großen Rädern sollte eine Personenzugmaschine sein, durfte aber nur 50 km/h laufen. Die „Kniebis" aus dieser Gattung verursachte durch Entgleisen bei Hugstetten die Eisenbahnkatastrophe mit 64 Toten. Die kleinrädrige (1220 mm Raddurchmesser) C-Güterlokomotive ist laufend verbessert worden: zunächst *Xb* (1863) und *Xd* (1866). Die Xb war eine in Kessel und Triebwerk verstärkte Xa, wie jene mit Außensteuerung. Die Xd wurde von der großrädrigen Xc abgeleitet, erhielt aber die kleinen Räder. Sie wurde 25 Jahre lang (1866—1891) als Standard-Güterzuglokomotive in 175 Exemplaren beschafft (ab 1868 Gattung *VIIa*), seit 1870 mit stetig vergrößertem Belpaire-Kessel und wachsenden Rosten, mit zunächst 9, dann 10 atü. Endglied dieser Entwicklung ist die *VIIc* (1891) mit größeren Zylindern.

Konstruktion und Lieferung der Xd wie der XIV sind 1865 erstmals öffentlich ausgeschrieben worden, nachdem die Lokomotivlieferungen bisher unter der Hand an die Maschinenbau-Gesellschaft Karlsruhe vergeben worden waren. Diese Wettbewerbs-Ausschreibung blieb die Regel bis 1918.

Für die von Grafenstaden sehr einfach und doch solide durchkonstruierte B-Personenzuglok von 1866, Gattung *XIV*, mit Außenrahmen und Hall'schen Kurbeln diente eine gleichartige Type der Schweizer Nord-Ost-Bahn als Vorbild. Georg Krauss, der Verfechter der leichten, einfachen, somit billigen und doch vielseitig verwendbaren B-Lokomotive, war damals Maschinenmeister der benachbarten NOB. Die 1676 mm großen Räder beim Achsstand von nur 2600 mm, der überhängende Stehkessel — aus dieser Kombination dürften sich bei wachsenden Anforderungen des Betriebs Probleme ergeben haben, die dann zu dem Entschluß, die ganze Reihe umzubauen, führten.

Alle 46 Maschinen — inzwischen Gattung *IVa* — sind zwischen 1880 und 1886 in B1-Tenderlok umgebaut worden, wobei hinter der Feuerbüchse eine mittels Doppelkeilflächen (französisches System der „plans inclinés") seitenverschiebbare Laufachse eingefügt und Vorratsbehälter für Wasser und Kohle, gleichfalls am hinteren Ende, angebaut wurden. Außerdem erhielten sie neue Kessel. Die Unterbringung der Vorräte hinter der Laufachse brachte das Gleichgewicht der Lokomotive außer Balance, sie wurde stark hecklastig. Bissinger hatte keine glückliche Hand bei seinen Umbaulokomotiven.

Die ersten als solche gebauten badischen Tenderlokomotiven (1866) waren zwei kleine Zweikuppler, Gattung *XIII,* für die vom Staat betriebene Privatbahn Dinglingen — Lahr (1865 eröffnet).

Ab Mitte der sechziger Jahre setzt die systematische Ausmusterung der umgebauten Breitspurmaschinen ein, die zuletzt ohnehin nur noch in untergeordneten Diensten tätig waren. Im Jahre 1868 werden die Lokomotivgattungen im Sinne einer Bereinigung umgezeichnet, und zwar nach folgendem System, das später aber mehrfach wieder durchbrochen wird:

Gattung I	Tenderlokomotiven
Gattung II	Personenzuglokomotiven mit einer Treibachse
Gattung III	2B-Personenzuglokomotiven
Gattung IV	B-Personenzuglokomotiven
Gattung V	Gemischtzuglokomotiven
Gattung VI	C-Personenzuglokomotiven
Gattung VII	C-Güterzuglokomotiven

Dabei findet beim Hinzukommen einer neuen Bauart die Unterscheidung innerhalb einer Gattung grundsätzlich durch Beistellung eines kleinen Buchstabens, mit a beginnend, Anwendung. Eine Übersicht über die bisherige Entwicklung der Gattungen vermittelt die folgende Tabelle.

Übersicht über die Lokomotiv-Gattungen bis 1868

Breitspurlokomotiven 1840—1847			Umgebaute Breitspurlok 1854			Normalspurlok ab 1854			Lok-Gattung 1868	
1— 6	1A1	Ia	3, 5, 6	1A1-T	Ia				—	+ 1865
7—15	1A1	Ib	7—14	1A1	Ib				—	+ 1863
			15	1A1-T	Ib				—	+ 1867
16—19	1A1	II	16—19	2A	II				IIb	+ 1865—72
20—24	1A1	IIIa	20—24	1A1	IIIa				—	+ 1864—67
25—28	1A1	IIIb	25—28	1A1	IIIb				—	+ 1864/65
29—36	1A1	IIIc	29—36	1A1	IIIc				IIb	31, 34, 36 + 1872
37—41	1A1	IV	37—41	1A1	IV				IIb	40 + 1872
42—46	1B	V	42—46	1B	V				Vb	+ 1873—75
47—54	C	VI	47—54	1B	VI				—	+ 1865/68
55—58	2B	VII	55—58	2B	VII				—	+ 1868/69
59—65	1A1	VIII	59—65	1B—1B-T	VIII				Vc	+ 1877—83
66	1A1	VIII	66	1B	VIII				—	+ 1867
						1856	2A-Crampton	Ic	IIa	
						1854	2A-Crampton	IX	IIa	
						1855	C	Xa	VIIb^{1}	
						1863	C	Xb	VIIb^{2}	
						1864	C	Xc	VI	
						1866	C	Xd	VIIa	
						1860	1B	XI	Va	
						1861	2B	XII	III$^{1-5}$	
						1866	B-T	XIII	Ia	
						1866	B	XIV	IVa$^{1-2}$	

15 Lokomotiven — alle sogenannte Ersatzbauten — wurden 1872 wie folgt umgenummert, um die Nummernfolge innerhalb einer Gattung herzustellen. Es ist bei diesem einmaligen systematischen Ansatz geblieben; weitere Umnummerungen sind bis auf sehr wenige Ausnahmen unterblieben (vgl. Lokomotiv-Verzeichnis).

Umzeichnung 1872

Gattung	Betr.-Nr.	Name	neue Betr.-Nr. 1872
III	3	Heidelberg	4
IIa	4	Mannheim	3
IVa	15	Expansion	40
	23	Murg	55
	30	Dreisam	56
	32	Hochburg	58
III	36	Zaehringen	15
	40	Schwarzwald	36
IVa	50	Hector	54
VI	54	Fridolin	50
III	55	Columbus	23
	56	America	30
	58	Philadelphia	32
Vc	59	Erwin	66
IVa	66	Loerrach	59

d) Die zweite Generation 1873 bis 1891

Diese Epoche bringt bemerkenswert wenig Neues. Systematisch weiterentwickelt wird die 1B-Personenzuglokomotive. Es erscheinen mehrere Typen von Tenderlokomotiven. Eine große D-Gütermaschine wird in Dienst gestellt. Für die Höllentalbahn gibt es eine erste badische Zahnradmaschine. Über 100 Lok werden umgebaut. Am Ende stehen drei mißlungene Schnellzuglokomotiven.

Während die kleinrädrige C-Gütermaschine *VIIa* ohne Unterbrechung bis 1891 weiterbeschafft wird, kommt 1873 eine neue, verstärkte Version der 1B-Personenzuglok, Gattung *IVb,* mit Außenrahmen und „großem" Rost heraus. Konstrukteur und Lieferant ist Maffei. Alle 20 werden 1888—1892 in 1B1-Tendermaschinen mit neuen Kesseln, die sich in dieser Form bald als unbrauchbar erwiesen, geändert. Es folgt ab 1875 nochmals eine in größeren Stückzahlen (59) von Karlsruhe gebaute verbesserte 1B, Gattung *IVc,* die sich im Hügelland auch vor Schnellzügen bewährt. Die Laufachse erhält Seitenspiel mittels „plans inclinés".

Die Hanomag liefert 1875 einen robusten Vierkuppler mit großem Kessel, Gattung *VIIIa,* für den schweren Güterzugdienst auf der Schwarzwaldbahn. Sie leidet, wie die meisten badischen Lokomotiven, an dem Mangel einer zu knapp bemessenen Rostfläche im Verhältnis zum Zylinderinhalt. Dieses Mißverhältnis zieht sich jahrzehntelang wie ein roter Faden durch die badische Lokomotivgeschichte. Man hat offensichtlich nicht erkannt, daß ein zu kleines Feuer aus dem Wasser in einem noch so großen Kessel nicht genug Dampf für ein noch so wohlproportioniertes Triebwerk erzeugen kann.

Im Jahr 1876 erscheint eine „große" 1B-Tendermaschine für den Personenzug-Kurzstreckendienst, Gattung *Vb,* mit Innenrahmen und seitlichen Wasserbehältern. Zwischen 1880 und 1887 werden kleine Tenderlokomotiven der Achsfolge 1B-Gattung *Ic,* 1A-Gattung *Id,* und B-Gattung *Ie,* in Dienst gestellt. Bereits 1879 waren zwei „Brükkenmaschinen" der Speyerer Schiffbrücke den Pfälzischen Eisenbahnen abgekauft worden (*Ib*; eine dritte Brückenlok 1893 gebaut). Für die 1887 zwischen Freiburg und Neustadt eröffnete Höllentalbahn mit dem 7 km langen Zahnstangenabschnitt (Zahnstange Bauart Bissinger) Hirschsprung — Hinterzarten liefert Karlsruhe sieben C-Zahnrad-Tenderlokomotiven mit Riggenbach-Gegendruckbremse, Gattung *IX* (später IXa). Das Reibungstriebwerk wird von den beiden Außenzylindern, das zwischen den beiden vorderen Achsen untergebrachte und aus zwei Zahnrädern bestehende Zahnradtriebwerk von den beiden Innenzylindern angetrieben.

Im letzten Jahrzehnt dieser Periode findet auch eine rege Umbautätigkeit statt. Es werden 110 Lokomotiven umgebaut:

1880—1886	46 Lok B inB1-T	Gattung IVa
1881—1891	44 Lok 2B, Gattung III	Gattung IIIb
1888—1892	20 Lok 1B in 1B1-T	Gattung IVb

Der Umbau erfolgt aus Sparsamkeitsgründen, d. h. mit der Absicht, ältere Lokomotiven langfristig weiterverwenden zu können. Dies haben auch die Eisenbahnen im benachbarten Württemberg und in Frankreich in großem Umfang betrieben. Die badischen Lokomotiven sind dabei allerdings keinen Radikalkuren unterzogen worden, und es blieb alles Flickwerk, was die technologische Stagnation jener Jahre so recht offenbart.

Gegen Ende der achtziger Jahre machte sich das Fehlen einer leistungsstarken Schnellzuglokomotive auf der Rheintalstrecke bemerkbar. Bissinger wagte keine grundlegende Neukonzeption, sondern er behalf sich mit einer im wesentlichen aus der alten III von 1861 abgeleiteten 2'B mit Außenrahmen und Drehgestell von 1444 mm Achsstand, aber ohne Seitenverschiebbarkeit. Die Zylinder liegen auf der Höhe der vorderen Gestellachse, und der vordere Überhang ist immer noch nicht völlig beseitigt — Gattung *IIa.* Ein 1891 erfolgter Nachbau, Gattung *IIb,* weist lediglich ein breiter gespreiztes Drehgestell (2000 mm) und etwas größere Zylinder, die vor der Drehgestellmitte liegen, auf. Das Drehgestell ohne Seitenverschiebbarkeit bleibt immer noch nahe der Treibachse. Der Druck des kaum veränderten Kessels beträgt 10 atü. Binnen weniger Jahre erwiesen sich diese Maschinen vor den Hauptbahn-Schnellzügen als zu leistungsschwach, um im anhaltend scharfen Wettbewerb mit der linksrheinischen Strecke Ludwigshafen — Straßburg — Basel konkurrieren zu können. Sie mußten bereits ab 1892 aus dem hochwertigen Dienst herausgezogen werden.

Einen weiteren Mißgriff bedeutet die 1B1-Tenderlokomotive, Gattung *IVd* (1891). Die gerade eben in 1B1-T umgebaute IVb befriedigte in keiner Weise. Die Generaldirektion wünschte eine Schnellzuglokomotive für die Schwarzwaldbahn und deren Anschlußstrecken. Ein derartiges Programm erforderte hohe Geschwindigkeit in der Ebene und große Zugkraft im Gebirge. Man legte sich auf eine 1B1-T mit Adamsachsen, 1716 mm großen Treibrädern und tiefliegendem Kessel mit kleinen Rost- und Heizflächen fest. Sie war lauftechnisch wie leistungsmäßig ein Mißerfolg. Der mißlungene Versuch der Konzeption einer Schnellzuglokomotive, die gleichzeitig für den Dienst auf Gebirgs- und auf Flachlandstrecken geeignet ist, sollte sich übrigens eineinhalb Jahrzehnte später mit der IVf wiederholen. Bissingers Amtszeit endete mit zwei Mißerfolgen: der 2'B- und der 1B1-T-Schnellzuglok. Mit letzterer hatte er sich, wie so viele seiner Amtskollegen in Frankreich und Belgien, in Württemberg, Hessen und in der Pfalz, an der Fehlentwicklung der 1B1-Lokomotive beteiligt. Als er 1891 von der Szene abtritt, ist es um den badischen Lokomotivpark nicht gut bestellt. Und gerade jetzt setzt ein starker Verkehrsaufschwung im Gefolge der günstigen Wirtschaftslage ein. Der Wettbewerb beiderseits des Rheins wird mit unverminderter Heftigkeit ausgetragen. Bissingers Nachfolger Hermann Esser findet einen überalterten, altmodischen Park vor. Er muß rasch handeln, um die Dinge seiner Bahn zum Guten zu wenden.

e) Die modernen Lokomotiven 1892 bis 1918

Esser befindet sich im Zugzwang. Er handelt schnell, entschlossen und kompetent. Schlagartig, innerhalb dreier Jahre — zwischen 1892 und 1894 — gelingt es ihm, den Lokomotivpark radikal zu modernisieren. Dies geschieht, indem er eine enge Verbindung mit dem gebürtigen Engländer Alfred de Glehn, Direktor der Elsässischen Maschinenbau-Gesellschaft, eingeht. Er läßt den Angeboten aus Mülhausen*) auf die jeweiligen Ausschreibungen der badischen Generaldirektion stets den Zuschlag erteilen. Von dort kommen die bahnbrechenden lokomotivtechnischen Neuerungen des Jahrzehnts. Der Verbindung mit de Glehn entspringen 1892 die Flachland-Schnellzuglok IIc, 1893 die Güterzugmaschine VIIIc und 1894 die „Schwarzwald-Lokomotive" IVe.

Die 2'B-Schnellzuglok, Gattung *IIc,* mit Innenzylindern und 2100 mm hohen Treibrädern, war für die ebene Hauptbahn bestimmt. Sie beförderte Züge bis zu 260 t. Mit den ihr seit 1897 beigegebenen vierachsigen, 15 m³ Wasser fassenden Drehgestell-Tendern konnte zwischen Mannheim bzw. Heidelberg und Basel ohne Lokwechsel durchgefahren werden. Die mit englischen Vorbildern gemeinsame Eleganz wird etwas geschmälert durch die von der P.L.M. übernommenen Windschneiden an Rauchkammer und Führerhaus der letzten Serie (Hartmann, 1900).

Die C-Güterzuglokomotive ließ Esser ab 1893 nur noch in Zweizylinder-Verbund-Version beschaffen — Gattung *VIId.* Im gleichen Jahr wurde als erste Normalspur-Mallet-Lokomotive eine BB-n4v, Gattung *VIIIc,* von Grafenstaden geliefert. Die „Stumpfschwänz" lösten auf der krümmungsreichen Schwarzwaldbahn die steifachsigen Vierkuppler VIIIa von 1875 ab und erschienen später schwerpunktmäßig auch auf der Odenwaldbahn. Kurz zuvor hatte die badische Verwaltung zehn für eine in Konkurs geratene norwegische Bahn von Sharp Stewart 1886—1888 gebaute 1D-Güterzugmaschinen englischer Bauart gekauft — Gattung *VIIIb.* (Die Pfälzischen Eisenbahnen haben aus der Konkursmasse sechs gleiche Lok übernommen.)

Ein bedeutender Markstein der europäischen Lokomotivgeschichte wird 1894 mit der ersten 2'C-n4v der Bauart „de Glehn" gesetzt — Gattung *IVe.* Sie ist Vorbild für eine Lok-Generation in Frankreich, wird allerdings im übrigen Deutschland nur zurückhaltend aufgenommen. Ihre Konzeption ist direkt von der 2'B-n4v, Bauart de Glehn — du Bousquet, der französischen Nordbahn abgeleitet. Die IVe übernimmt für viele Jahre den hochwertigen Reisezugdienst auf der Schwarzwaldbahn, und zwar im Durchlauf zwischen Appenweier bzw. Offenburg und Konstanz. Nach weiteren Lieferungen befördert sie auch die Odenwaldschnellzüge Ludwigshafen — Würzburg, internationale West-Ost-Züge zwischen Straßburg, Karlsruhe und Stuttgart bzw. Heilbronn sowie öfter anhaltende Schnellzüge auf der Hauptbahn. 44 Lok erhalten einen dreiachsigen, 39 einen größeren vierachsigen Tender. Sie ist in ganz Baden, wie später die P 8, beliebtes „Mädchen für alles". Essers Nachfolger ab 1896, Alexander Courtin, beschafft zunächst vier Jahre lang die Lokomotiven seines Vorgängers weiter. Um die Jahrhundertwende läßt die Generaldirektion eine dreifach ge-

*) Direktion und Konstruktionsbüros der Elsässischen Maschinenbau-Gesellschaft hatten ihren Sitz in Mülhausen i. E.

kuppelte Tendermaschine ausschreiben. Maffei bietet eine 1'C 1'-n2-T an und erhält den Zuschlag für 15 Lok. Es ist dies die erste 1C1-T in Deutschland — Gattung *VIb*. Von 1900 bis 1908 und nochmals 1921/23 werden insgesamt 173 Stück in Dienst gestellt. Mit 13,5 t Achsdruck und 80 km/h Höchstgeschwindigkeit konnte sie universell, d. h. auf allen Haupt- und Nebenstrecken, eingesetzt werden, selbst auf der Höllentalbahn, wo sie als Zuglokomotive fungiert und die Zahnradlok nur noch bei Bergfahrt auf dem Zahnstangenabschnitt nachdrückt. Mit der VIb werden u. a. alle Reisezüge über die Höllentalbahn und die Mehrzahl der Personenzüge auf der Schwarzwaldbahn gefahren. Heinrich Baumann entwickelt aus ihr 1913 die größere Heißdampflokomotive 1'C 1'-h2-T, Gattung *VIc*. Diese erhält Treibräder von 1600 mm (VIb 1480 mm), den Schmidt'schen Rauchröhrenüberhitzer und Wasservorräte von 10 m³; das Reibungsgewicht beträgt 50 t, die Höchstgeschwindigkeit 90 km/h. Konnte die Naßdampflok 165 t auf 5 Promille Steigung mit 60 km/h ziehen, so schleppt die VIc jetzt 290 t. Dies qualifiziert sie zum Einsatz im Schnellzugdienst. Zwischen 1914 und 1921 werden 135 Maschinen gebaut. Auf die erwähnte Tenderlok-Ausschreibung hat auch die Maschinenbaugesellschaft Karlsruhe einen Entwurf eingereicht, und zwar den einer schweren 1'C-n2-T für 70 km/h mit 16 t Achsdruck. Zwei Lok werden bestellt — Gattung *VIa*; sie bleiben Einzelgänger. Dies sind auch die beiden 1900 zu Versuchszwecken von Henschel beschafften D-n2-Tenderlokomotiven mit Hagans-Triebwerk, Gattung *VIIId*, geblieben. Eine „Eintagsfliege" sozusagen war auch die kleine B-Tenderlok mit Dampfkran Nr. 149, Gattung *X*, die 1895 von Andrew Barclay Sons & Comp. in Kilmarnock offensichtlich für die Hauptwerkstätte gekauft, aber bereits 1898 wieder ausgeschieden worden ist.

Inzwischen tat sich die IIc vor den mit 90 km/h Grundgeschwindigkeit zu fahrenden, von Jahr zu Jahr schwerer werdenden Schnellzügen recht schwer; Vorspannleistungen wurden erforderlich. Wiederum erging Ausschreibung einer neuen Schnellzuglokomotive, wiederum erhielt Maffei den Zuschlag. Der Münchener Chefkonstrukteur Anton Hammel hatte den Entwurf einer 2'B 1'-n4v, deren riesige Abmessungen alles bisher Dagewesene in den Schatten stellte, eingereicht. Die schwerste „Atlantik" in Europa, Gattung *IId*, wird 1902 in Dienst gestellt: ein erstes Meisterwerk Hammels und ein weiterer Markstein der deutschen Lokomotivgeschichte. Der Schritt zur Großlokomotive ist vollzogen, und zwar mit gleichzeitiger Lösung der damit zusammenhängenden lauftechnischen wie leistungsmäßigen Probleme. Die geführte Länge beträgt 10 420 mm, die Rostfläche 3,87 m² und die Heizfläche 210 m². Die 2100 mm großen Treibräder waren von der IIc übernommen; noch hatte Hammel den Blechrahmen nicht durch den Barrenrahmen ersetzt. Die vier in einer Ebene liegenden Zylinder treiben die vordere Achse an (Bauart v. Borries) ND außen, HD innen. Bei Probefahrten wird bis 144 km/h ausgefahren, wobei sich einwandfreie Laufeigenschaften ergeben. Aus München werden 1902 zwölf, aus Karlsruhe 1905 sechs IId bezogen. Letztere verunzierte eine plumpe blumentopfartige Kaminverkleidung. Alle Maschinen werden in Offenburg stationiert und übernehmen — aus der Mitte heraus — den schweren Schnellzugdienst auf der Hauptbahn zwischen den Endpunkten, wobei sie tägliche Laufleistungen bis 774 km und jährliche von über 140 000 km erreichen. So glänzend ihr Stern aufging und leuchtete, so schnell begann er auch zu sinken. Bereits 1906 mußten IId-bespannte Züge bei der Anfahrt in den Bahnhöfen Karlsruhe, Offenburg und Basel angeschoben werden, und im Jahr darauf wurde der Nachschub aller von der IId geführten Züge auf den Haltebahnhöfen angeordnet. Dabei wurden die Züge immer schwerer und die Fahrzeiten angespannter. Zum Sommerfahrplan 1906 wurde die Grundgeschwindigkeit der Hauptbahn-Schnellzüge von 90 auf 95 km/h, die Höchstgeschwindigkeit zum Einholen von Verspätungen auf 110 km/h festgesetzt. Nachdem bereits 1905 die Vmax der IVe von 80 auf 90 km/h erhöht worden war, wurden jetzt die Vmax der IIc von 90 auf 100 (1907 auf 110 km/h), die der IId von 100 auf 110 km/h erhöht. Wieder war eine neue Schnellzuglok fällig. Schon 1904 wird eine solche ausgeschrieben und 1905 auch bestellt. Dieses Mal hat Hammel eine 2'C 1'-h4v mit Barrenrahmen konstruiert. Es ist im Entwurf die erste europäische, bei der Indienststellung im August 1907 die erste deutsche „Pazifik"-Lokomotive — Gattung *IVf*. Leider hat man in der Karlsruher Lammstraße bei der Erstellung des Leistungsprogramms den Fehler von 1891 (IVd) wiederholt. Die Lok sollte auf der ebenen Rheintalstrecke 300 t bei Steigungen von 3,3 Promille mit 100 km/h und auf der steigungsreichen Schwarzwaldbahn 185 t auf 10—20 Promille mit 50 km/h befördern. Hammel gab ihr daher 1800 mm hohe Treibräder. Bei den Probefahrten ist das Programm überreichlich erfüllt worden: 460 t in der Ebene mit 110 km/h und auf 3,3 Promille mit 85 km/h sowie 194 t auf 16,3 Promille mit 55 km/h. Äußerlich erreichte der von Hammel geprägte Maffei-Stil Höchstform: von der IVf wird die S 3/6 abgeleitet. Die IVf kam zunächst auf die Hauptbahn (Bw Offenburg), ab 1911 dann auch — wie vorgesehen — auf die Schwarzwaldbahn, und zwar im 312 km langen Durchlauf zwischen Mannheim und Konstanz. Für die Dauerschnellfahrt in der Ebene mit hohen Drehzahlen waren die Treibräder zu klein, so daß Lauf- und Triebwerk überbeansprucht wurden. Auf den Bahnhöfen mußte ein Mann zum Nachschmieren bereitstehen. Allmählich stiegen die Unterhaltungskosten an; außerdem beklagten die Personale sich über mangelhafte Dampfentwicklung. Die Maschine war einfach überfordert — Schuld trug die verlangte Ausbildung als kombinierte Flachland- und Gebirgslokomotive.

Zugleich mit der IVf erschien 1907 die erste echte badische Rangiermaschine, Bauart D-n2-T, Gattung *Xb*. Bislang fanden im Verschiebedienst auf den Personen- wie Güterbahnhöfen stets alte, zur Ausmusterung anstehende Lok als „Manöver-Lokomotiven" Verwendung, selbst Cramptons und 2B. Bei dieser Gelegenheit seien auch gleich die sieben im Januar 1904 von der Mannheimer Rheinau-Hafengesellschaft übernommenen Tenderlokomotiven erwähnt: eine B-n2, Gattung *If*, und sechs C-n2, Gattung *Xa*. (Die Badischen Staatseisenbahnen hatten 1903 den Rheinau-Hafen von einer Privatgesellschaft gekauft und betrieben diesen fortan in eigener Regie.)

Die Entwicklung der badischen Güterzuglokomotive fand 1908 ihren Abschluß mit der Gattung *VIIIe*, der ersten deutschen 1'D in Vierzylinder-Verbund-Ausführung. Die unglückliche Wahl des Clench-Dampftrockners führte zunächst zu Problemen, die erst 1913 mit dem Schmidt-Überhitzer (VIIIe[6]) endgültig beseitigt wurden. Der Auftrag für die Prototypen ging wiederum nach München an Maffei. Mit ihr wurden Güterzüge von 1450 t zwischen Mannheim und Offenburg, von 1150 t weiter bis Freiburg gefahren.

Im Jahr 1910 wird der Ersatz der alten Höllental-Zahnradlok fällig. Die spezialisierte Maschinenfabrik Esslingen liefert vier C1'-2(4v)-T, Gattung *IXb*, denen 1921 drei weitere folgen. Die alten IXa werden nach Ausbau des Zahnradtriebwerks als Rangiermaschinen in Freiburg und Haltingen weiterverwendet. Die IXb stellt eine Weiterentwicklung der Zahnradlokomotive dar. Anstelle der bisher gebräuchlichen zwei Zahnräder hat sie nur ein Zahntreibrad. Die vier gleich großen Zylinder (460 x 508 mm) sind außen in zwei Gruppen angeordnet; je zwei Zylinder liegen beidseitig übereinander. Die untere Gruppe arbeitet auf das Reibungstriebwerk in Zwillingswirkung. Auf der Zahnstangenstrecke wird die obere als Niederdruckzylinderpaar, das über ein Stirnradvorgelege das Zahnrad antreibt, hinzugeschaltet, und die Lok arbeitet jetzt mit vier Zylindern in Verbundwirkung. Die 1910 gebauten vier Maschinen sind mit dem Clench-Dampftrockner ausgerüstet, die drei Nachzügler von 1921 als Naßdampflok gebaut. Die in Freiburg stationierten Zahnradlok IXb sind im Oktober 1933 nach Aufhebung des Zahnstangenbetriebs auf der Höllentalbahn abgestellt worden.

1911 ließ sich Courtin zur Beschaffung einer Fehlkonstruktion der Maschinenbaugesellschaft Karlsruhe verleiten. Gefordert war eine leichte fünfachsige Lok für Personen- und Schnellzüge sowohl im Flachland als auch im Gebirge. Dieser dritte Anlauf führte zum eklatanten Mißerfolg. Karlsruhe konstruierte eine gut aussehende, dem Maffei-Stil angepaßte 1'C 1'-4v mit Treibrädern von 1700 mm Durchmesser, Gattung *IVg*, von der 1912 fünf Maschinen abgeliefert wurden. Unbegreiflicherweise war die Wahl nochmals auf den Clench-Dampftrockner anstelle eines Überhitzers gefallen. Im Betrieb stellten sich die Lok als Versager heraus. So sollen sie z. B. derartig geschüttelt haben, daß die Wasserstandsgläser zersprangen und ein abgefederter Führerhausboden eingebaut werden mußte. Die IVg kamen im September 1912 zur Bw Karlsruhe P, wo sie mit der IVf in einem gemeinsamen Dienstplan nicht Schritt halten konnten. Ihre Laufleistungen blieben weit unter denen der IId, IVe, IVf und VIb. Sie sind 1919 im Rahmen der Waffenstillstandsablieferungen der französischen Abnahmekommission mit Erfolg „angedreht" worden. Den angebotenen Rückkauf lehnte die Karlsruher Direktion natürlich ab.

Im Februar 1912 bezieht Heinrich Baumann als Kollegialmitglied der Generaldirektion das Maschinentechnische Büro in der Lammstraße. Er entwickelt zunächst die Naßdampf-VIb zur größeren Heißdampf-VIc weiter. 1914 stellt er eine der bayerischen Pt 2/3 nachgebaute 1B-h2-Tenderlok, Gattung *Ig*, für leichte Personenzüge in Dienst, und er ersetzt bei der VIIIe den Clench-Trockner endlich durch den Schmidt-Überhitzer. Er schafft, gemeinsam mit Anton Hammel, dem Maffei-Direktor, die *IVh*: Höhe- und zugleich Endpunkt der badischen Lokomotivgeschichte. Bereits im Jahr der Amtsübernahme Baumanns war der Ersatz der IVf, deren vorletzte Serie gerade ausgeliefert wurde, akut geworden. Die Schnellzüge waren jetzt bis 500 t schwer. Hammel und Baumann konzipieren gemeinsam eine große „Pazifik" (2'C 1'-h4v) als reine Flachlandlokomotive mit 2100 mm hohen Treibrädern sowie — auf Baumanns ausdrücklichen Vorschlag — mit geteiltem Triebwerk. Viele Konstruktionsteile werden von der S 3/6 übernommen. Drei Lok werden 1915, mitten im Krieg, bei Maffei in Auftrag gegeben.

Die Auslieferung zögert sich bis Juni 1918 hin. Bis 1920 werden insgesamt 20 Lokomotiven der Gattung IVh in München gebaut. Es ist dies die leistungsfähigste deutsche Schnellzugmaschine. Sie zieht 650 t mit 100 km/h in der Ebene. Sie wird eigentlich erst viel später und außerhalb ihrer Heimat von sich reden machen. Als die IVh in Offenburg zum Einsatz gelangt, sind die Tage der „Großherzoglich" Badischen Staatseisenbahnen gezählt.

Es bleibt noch nachzutragen, daß Baden im Rahmen der Waffenstillstandsabgaben 1919 über 100 Lokomotiven, darunter viele VIb und VIc, abliefern mußte. Um dem dadurch sowie infolge eines hohen Schadstandes entstandenen Lokmangel abzuhelfen, wurden vorübergehend Lokomotiven von den Schweizerischen Bundesbahnen angemietet. Dann — zwischen 1918 und 1922 — vergab die Karlsruher Generaldirektion Aufträge für eine größere Anzahl preußischer G 12 und P 8 an die Maschinenbaugesellschaft Karlsruhe. Zehn G 12 sind 1918 direkt von der Preußischen Eisenbahnverwaltung gekauft worden. Gleichzeitig wurden die bewährten VIb, VIc und Xb nachbeschafft. 871 Dampflokomotiven badischer Bauart wurden im Juli 1923 in den Nummernplan der Deutschen Reichsbahn eingereiht; davon sind 1925 endgültig nur 620 umgenummert worden.

Es ist ein langer Weg von der „Loewe" zur IVh, durch acht Jahrzehnte, von Sharp und Kessler zu Heinrich Baumann und Anton Hammel, durch Höhen und Tiefen. Verkehrs- wie technikhistorisch betrachtet hat gerade der scharfe Wettbewerb sowohl unter den konkurrierenden Bahnverwaltungen als auch zwischen den Lokomotivfabriken zu Höchstleistungen in der Konstruktion und im Betrieb geführt. Die Großherzoglich Badischen Staatseisenbahnen haben durchaus ihren Beitrag geleistet — sie setzten Marksteine wie die IVe, IId, IVf, VIb, IVh. Dabei stand stets der Mensch mit seinen Stärken und Schwächen, mit seinem Können und Wissen, teils auch mit Unvermögen, im Vordergrund. Hervorragende Ingenieure sind uns begegnet: Emil Kessler, Niklaus Riggenbach, Alfred de Glehn, Anton Hammel und Esser, Courtin, Baumann — jene in der Industrie, diese in der Verwaltung. Selbst wenn es längst keine Dampflokomotiven mehr gibt, sollten ihre Namen, sollte ihr Ruhm in den Annalen der Technikgeschichte bleibenden Wert behalten.

2. Elektrische Lokomotiven

Zu den eisenbahntechnischen Pioniertaten gehört die 1913 erfolgte Elektrifizierung zweier badischer Vollbahnstrecken: der Wiesentalbahn Basel (Badischer Bahnhof) — Schopfheim — Zell (29 km) und der Wehratalbahn Schopfheim — Säckingen (20 km). Ihre Planung reicht bis 1903 zurück. Sie erfolgte mit Wechselstrom 15 kV zu $16^2/_3$ Hertz. Leider blieb der Versuch infolge Ausbruchs des Krieges 1914 in den Kinderschuhen stecken. Die folgenden zwölf elektrischen Lokomotiven, alle mit der Achsfolge 1'C 1' und Stangenantrieb, sind beschafft worden:

Gattung A^1
Nr. 1 — 1910 — SSW und Maffei/Schwartzkopff
2 Motore zu je 300 V an den Fahrzeugenden, Kraftübertragung durch zwei Blindwellen zwischen Lauf- und erster Kuppelachse.

Gattung A^2
Nrn. 1—3, 5—9 — 1911/12 — SSW und Maffei/Schwartzkopff
2 Motore (wie A^1) über den Achsen A und B, eine Blindwelle zwischen A und B.

Gattung A^2
Nr. 4 — 1911/12 — SSW und Maffei/Schwartzkopff
mit 2 Blindwellen, je eine zwischen den Kuppelachsen.

Gattung A^3
Nrn. 1, 2 — 1912/13 — BBC und MBG Karlsruhe, identisch mit Versuchslok E 3301 der französischen Midi-Bahn. Die 2 in Lokmitte liegenden Motoren (1200 V) treiben über ein Doppelgestänge direkt die mittlere Achse an.

Das Wasserkraftwerk Wyhlen lieferte den Strom, der im bahneigenen Umformerwerk in Basel (Bad. Bhf.) auf Bahnstrom umgespannt wurde. Die elektrische Zugförderung unterstand der Maschineninspektion Basel, die Lokomotiven waren in Basel stationiert. Die Maschinen der Gattungen A^1 und A^3 sind vor 1924 ausgemustert worden. Die neun A^2 wurden von der DR in E 61 01—09 umgenummert. Die letzten sind 1941 bei der RBD Karlsruhe ausgemustert worden. Ihnen hatten sich nach 1921 mehrere preußische EG — E 71^1 beigesellt.

III. Die Triebwagen

Nachdem bei den benachbarten Württembergischen Staatseisenbahnen seit Mitte der neunziger Jahre Dampftriebwagen der Bauart Serpollet im Betrieb waren, bestellte die badische Generaldirektion bei der Maschinenfabrik Esslingen einen Serpollet-Wagen, der 1902 abgeliefert wurde. Der „Motorwagen" Nr. 6606, mit 40 Sitzplätzen III. Klasse und 6 Stehplätzen, wurde der Betriebswerkstätte Karlsruhe zur Erprobung auf der Strecke nach Graben zugewiesen. Er befriedigte nicht und wurde 1905 zerlegt.

Zur gleichen Zeit ist bei der Bw Konstanz auf den Abschnitten Radolfzell — Überlingen und Radolfzell — Stockach ein elektrischer Speicher-Abteilwagen (Akkumulatoren-Triebwagen), wie ihn seit 1902 die Pfälzischen Eisenbahnen verwendeten, erprobt worden. Der Motorwagen Nr. 6607 wurde 1903 von der Elektrizitäts-Aktiengesellschaft vorm. Schuckert & Co. in Nürnberg (elektr. Ausrüstung) und der Waggonfabrik Rastatt nach dem pfälzischen vierachsigen Vorbild, jedoch als CC (die Pfalzbahnwagen waren BCC), mit 112 Plätzen III. Klasse geliefert. Jedes Drehgestell besaß einen 25-PS-Motor mit 290 V Betriebsspannung; die Batterie mit 156 Elementen in zwei Reihen hatte eine Kapazität von 225 A/h bei 130 A/h Entladung. Auch der Speicherwagen vermochte die Herren in Karlsruhe nicht zu befriedigen. Er ist 1905 abgestellt und in den Personenwagen BCCi 6607 umgebaut worden.

Lassen wir die Generaldirektion zur Triebwagenfrage selbst sprechen. Ihre sehr kritische Einstellung geht aus einem mit der Handelskammer Mannheim, die den Einsatz von Akkumulatoren-Triebwagen auf der Lokalbahnstrecke Speyer — Schwetzingen — Heidelberg angeregt hatte, geführten Schriftwechsel hervor: „Wir haben mit den s. Zt. versuchsweise verwendeten Motorwagen — Serpollet- und Akkumulatorenwagen — sehr ungünstige Erfahrungen gemacht. Wegen ihrer geringen Betriebsbrauchbarkeit mußten dieselben häufig außer Dienst gestellt werden und verursachten unverhältnismäßig hohe Betriebs- und Unterhaltungskosten. Die beiden Fahrzeuge, die den gestellten Anforderungen nicht genügten, wurden deshalb vom Betriebe zurückgezogen" (9. 10. 1908). Als die Mannheimer Kammer insistierte und dabei auf die Preußischen Staatsbahnen als Vorbild hinwies, wurde man in Karlsruhe deutlicher: „Wir haben von Anfang an die Verwendung von Akkumulatorenwagen auf den preußischen Staatsbahnen mit großem Interesse verfolgt. Es ist uns bekannt, daß diese Wagen über eine wesentlich größere Batterie verfügen als der von uns s. Zt. hauptsächlich auf der Strecke Karlsruhe — Graben verwendete Akkumulatorenwagen. Wir möchten aber dabei noch darauf aufmerksam machen, daß unser Wagen 120 Personen aufzunehmen vermochte und zu gewissen Tageszeiten trotzdem vielfach nicht ausreichte, so daß noch zu einem Anhängewagen gegriffen werden mußte. Die dadurch hervorgerufene stärkere Beanspruchung führte aber in kurzer Zeit eine Zerstörung der Batterie herbei ... Wir werden jedoch die Frage erneut einer Prüfung unterziehen, inwiefern hier mit einfacheren Mitteln eine Verbesserung der Verkehrsverhältnisse zu ermöglichen wäre. Im übrigen machen wir noch ergebenst darauf aufmerksam, daß wir stets bestrebt waren, für den Verkehr in der Nähe großer Städte den Fahrplan reichlich auszugestalten ..." (27. 11. 1908). Aufschluß darüber, wohin die Entwicklung in Baden gehen wird, vermitteln dann die folgenden Äußerungen: „Was uns bis jetzt über die Betriebsergebnisse preußischer Akkumulatorenwagen bekannt geworden ist, ist keinesfalls geeignet, unsere ... Ansicht über eine wirtschaftliche Verwendung ... zu ändern. Vor allem sind die Anschaffungskosten der Wagen und die Kosten der Unterhaltung der Batterien derart hoch, daß die gesamten Betriebskosten wesentlich höher sind, als die eines kleinen von einer Lokomotive geführten Personenzuges mit der gleichen Sitzplatzzahl ... Auch will es uns scheinen, ... daß die von einzelnen Verwaltungen im letzten Jahre in Betrieb genommenen größeren Dampfmotorwagen den Vorzug ... verdienen, da die Kessel und Maschinen dieser Wagen sich den schwankenden Anforderungen des Eisenbahnbetriebes besser anpassen, und viel eher Ueberanstrengungen ... vertragen ... Auch sind die Betriebskosten der Dampfwagen bei gleicher Leistungsfähigkeit wegen ihrer geringeren Anschaffungs- und Unterhaltungskosten wesentlich niedriger ..., wozu noch kommt, daß für die Verwendung von Dampfwagen nicht das Vorhandensein einer Elektrizitätsquelle Bedingung ist und daß deshalb die Verwendung dieser Wagen hauptsächlich auf Nebenbahnstrecken weit unbeschränkter als die der Akkumulatorenwagen ist ... Wir werden die Entwicklung des Motorwagenbetriebes besonders unserer Nachbarverwaltungen stets im Auge behalten und der Frage der Verwendung von Motorwagen auf unseren Strecken nach wie vor besondere Aufmerksamkeit widmen. Von eigenen Versuchen müssen wir schon mit Rücksicht auf die jetzige Finanzlage absehen" (19. 3. 1909).

Es vergehen dann noch fünf Jahre, bis man sich in der Lammstraße endgültig entscheidet, und zwar sowohl für die Lokomotive für kleine Personenzüge (Ig) als auch für den Dampftriebwagen. Letzterer war inzwischen von Eugen Kittel (Obermaschinenmeister der Königlich Württembergischen Staats-Eisenbahnen seit 1896) erheblich verbessert worden, und aus Württemberg wurde über gute Erfahrungen berichtet. 1914 werden bei der Maschinenfabrik Esslingen zunächst drei, dann nochmals fünf Dampfmotorwagen mit Kittel-Kessel in Auftrag gegeben und 1914/15 in Dienst gestellt (Motorwagen Nrn. 1000—1007, Gruppe 121a). Sie unterscheiden sich von den württembergischen Wagen durch größere Abmessungen. Der Heißdampfkessel mit 16 atü hat einen 0,7-m^2-Rost und eine Gesamtheizfläche von 37,7 m^2; an Vorräten können 2 m^3 Wasser und 800 kg Kohle aufgenommen werden; das Zwillingstriebwerk mit Heusingersteuerung besteht aus Zylindern von 220/300 mm und 1000 mm Rädern (Achsanordnung A1). In den Wagen gibt es 40 Sitz- und 16 Stehplätze III. Klasse. Im Sommer 1918 finden wir diese Wagen auf den Streckenabschnitten Mannheim — Eberbach, Sinsheim — Eppingen und — Jagstfeld, Basel — Säckingen und Waldshut — Erzingen. Sie werden sämtlich von der DR als Ci dT 1—8 übernommen. Einzelne halten sich bis in die fünfziger Jahre.

Die Triebwagen der Großh. Badischen Staatseisenbahnen

Dampftriebwagen					
6606	ME		1902	Bauart Serpollet	Gruppe 133c
1000—2	ME	3692—4	1914	Bauart Kittel	Gruppe 121a
1003—7	ME	3749—53	1915	Bauart Kittel	Gruppe 121a
Akkumulator-Triebwagen					
6607	Elektrizitäts-AG, Nürnberg/Waggonfabrik Rastatt		1903		Gruppe 133d

IV. Reisezugwagen

1. Personenwagen

Die ersten Wagen nach Baden liefert 1840 die älteste deutsche Waggonfabrik Pauwels & Talbot in Aachen, die 1844 in Heidelberg eine Filialfabrik errichtet. Zu den Erstausstattern mit Wagenmaterial gehören auch Borgnis in Höchst und Harkort in Hagen. 1841 kommt Emil Kessler mit ersten Lieferungen ins Geschäft, nachdem die Zeichnungen anderer Fabrikanten kopiert worden waren. Die Wagen der Breitspurperiode sind zweiachsig und haben drei Abteile; die Sitzbänke der I. Klasse bieten vier, die in der II. und III. Klasse je fünf Reisenden Platz. Die Wagen der I. und — ab 1843 — der II. Klasse besitzen Glasfenster, die der ursprünglich offenen III. Klasse seit 1843 Stoffvorhänge. Von 1843 bis 1853 gibt es offene „Stehwagen" als IV. Klasse. Diese wird zum 1. 5. 1853 wieder aufgehoben. Außer Personenwagen werden in die Züge offene und gedeckte Güterwagen, Gepäckwagen, Viehtransportwagen und „Pritschenwagen" zur Beförderung von Equipagen eingestellt. Bis 1845 werden grundsätzlich nur gemischte Züge mit Personen- und Güterbeförderung gefahren; von da an erfolgt die allmähliche Trennung in Personen- und Güterzüge.
Außer den bereits genannten haben noch folgende Firmen Breitspurwagen gebaut: Anhegger, Hartmann & Lindt, Schäfer (alle drei Heidelberg), Schmieder & Mayer in Karlsruhe (ab 1842), Schaller und Vögele & Co. in Dinglingen. Kessler bzw. die Maschinenbaugesellschaft Karlsruhe, Schmieder & Mayer sowie die später gegründeten Firmen Fuchs in Heidelberg (fünfziger Jahre) und Waggonfabrik Rastatt (1897) waren die bevorzugten einheimischen Hauslieferanten.
Insgesamt 1133 Wagen sind 1854/55 umgespurt worden. Zwischen 1854 und 1858 werden 63 dreiachsige Personenwagen und 19 Reisegepäckwagen eingestellt: 5 „Berlines" I. Klasse mit 4 Abteilen, ein Salonwagen mit Salon I. und 2 Halbabteilen II. Klasse, 18 Salonwagen mit Salon I. und 2 Abteilen II. Klasse, 15 Coupéwagen mit 2 Halbabteilen I. und 2 Abteilen II. Klasse, 15 Berlines mit je 2 Abteilen I. und II. Klasse, drei „Hofgalawagen" — zwei mit Salon I. und 2 Sitzen II., einer mit Salon I. und 2 Abteilen II. Klasse (1858), zwei Coupéwagen mit 4 Abteilen II. und vier II. Klasse mit 2 Abteilen und Briefpostabteil. Diese sind im Laufe der Jahrzehnte mehrfach umgeändert worden; einzelne haben die Jahrhundertwende überlebt. Ab 1858 wird der zweiachsige „Coupé-Wagen" mit vier (Polsterklassen) bzw. fünf (III. Klasse) Abteilen zur Regelbauart. Die Postkutschenform mit geschweiften Abteilseitenwänden wird 1860 aufgegeben. Die Achsstände betragen 4200 und 4500 mm.
Im Jahre 1873 wurde der zweiachsige Durchgangswagen, zunächst als ABi und Ci, eingeführt. Es geschah dies im Vollzug der Auflage des Reichseisenbahnamtes an alle deutschen Eisenbahnverwaltungen, einen bestimmten Teil ihres Personenwagenparkes in Form von „Interkommunikationswagen", die im Kriegsfall schnell in Lazarettwagen umgerüstet werden können, vorzuhalten. Die guten Erfahrungen mit den württembergischen Durchgangswagen im Krieg 1870/71 standen dabei Pate. 1876 verfügte Baden bereits über 20 ABi und 40 Ci. Wenig später folgten auch die Versionen Bi und BCi. Darunter gab es einige Serien ABi und Bi mit Laternendach. Letztes Glied der ersten Generation badischer Durchgangs-Zweiachser ist der lange Ci von 1901 (Gruppe 108). Gleichzeitig mit dem Durchgangswagen wird der „Kupeewagen" weiterentwickelt. Dieser erfreut sich offensichtlich eines guten Rufes; denn 1878 wird Baden um die Gestellung der durchgehenden Wagen für das Nachtschnellzugpaar Paris — Wien gebeten (6 A, 8 AB, 2 B mit Gasbeleuchtung). Im Jahr 1889 erscheint ein beträchtlich verlängerter Zweiachser AB (fünf Abteile, 2 Aborte und Waschräume, mit Oberlichtdach) für Schnellzüge mit 7 m Achsstand gegenüber bisher 4,5 m; der C mit sechs Abteilen und Glattdach folgt 1891. Zweiachsige Wagen für Schnellzüge werden noch bis 1901 in beträchtlichen Stückzahlen gebaut. Zu den Abteilwagen AB (seit 1893 mit 7,4 m Achsstand und flachem Dach) und C gesellen sich ab 1893 Durchgangswagen mit Mittelgang ABi und Ci: erstere mit 7,4, letztere mit zunächst 7, dann 7,4 und die letzte Serie (100 Wagen 1901) mit 8 m Achsstand. Der vierachsige Abteilwagen, 1893/1898 versuchsweise beschafft, findet in Baden keine Verbreitung. Er bleibt auf je zehn ABB und CC beschränkt, nachdem sich ab 1894 der vierachsige D-Zugwagen und ab 1896 der vierachsige

Durchgangswagen mit Mittelgang, offenen Plattformen und Übergängen durchsetzt. 1894 werden aus Belgien die ersten badischen D-Zugwagen ABBü bezogen und in das Berliner Nachtschnellzugpaar eingestellt; 1896, ebenfalls aus Belgien, die ersten ABBi. Wagen III. Klasse folgen 1897 (CCi) und 1899 (CCü). Drei ABBü der zweiten Serie sind mit Kücheneinrichtung versehen. Sie werden 1903 in reine *Speisewagen* umgebaut (Nrn. 11732/3, 11810). Dreiklassige ABCCi gibt es 1902, ABCCü ab 1904. Die zehn sechsachsigen ABBü (Nr. 13905—13914) von 1908 stellen die Krönung des badischen D-Zugwagens dar.

Sämtliche seit den neunziger Jahren gebauten badischen Personenwagen gehören zur süddeutschen Bauart, d. h. sie haben flachgewölbtes Dach ohne Oberlichtaufbau. Die ersten Serien 4ü und 4i besitzen Zwillingsfenster. Nach der Jahrhundertwende erscheinen die breiten Fenster (1,2 m für I. und II., 1 m für III. Klasse). Die „belgischen" ABBü sind wie die Schlaf- und Speisewagen der CIWL mit Teakholz-Latten verkleidet, und die ersten Breitfenster-4ü haben geschwungene Regenabweiser über den Fenstern wie die berühmten D-Zugwagen der Gotthardbahn von 1897.

Im Jahre 1902 wird der dreiachsige Lenkachs-Abteilwagen (5 Abteile AB und 8 Abteile C) eingeführt und bis 1921 in hohen Stückzahlen beschafft. Gleichfalls 1902 liefert Gastell zehn bemerkenswerte, 13 m lange (8 m Achsstand) zweiachsige Durchgangswagen II. Klasse (Bi, Gruppe 85a) mit breiten Fenstern und Doppeldach mit Entlüftungsschächten als „Aussichtswagen" für die Höllentalbahn. Vier dreiachsige ABi von 1904 (Gruppe 72a) bleiben Einzelstücke. Zwischen 1910 und 1921 werden in hohen Stückzahlen lange Zweiachser (8 m Achsstand) als Bi, BCi, Ci und, ab 1919, der Ci unverändert als Di gebaut. Die letzte Serie von 15 Di (1921) hat 8,5 m Achsstand. Die Ci-Wagen (Gruppen 94 und 94a) hatten von Anfang an umkehrbare Schilder mit einer III auf der einen und einer IV auf der anderen Seite. Die offizielle Einführung der 4. Klasse kam erst 1916, nachdem Baden sich viele Jahre mit Erfolg gegen deren Einführung gewehrt hatte.

Für die 1886 eingeführten „Lokalzüge", die dem Vorortverkehr der größeren Städte dienten, wurde ein besonderes Wagenmaterial in Form zweiachsiger Durchgangswagen mit Übergängen (4,5 m Achsstand) entwickelt: 23 Ci und 18 CiP (1886—1896). Auch für die 1887 in Betrieb genommene Höllentalbahn ist ein spezieller Wagenpark geschaffen worden. Da der kleinste Halbmesser der kurvenreichen Bahn 240 m beträgt, durften auf ihr nur Wagen mit einem Achsstand von maximal 4500 mm verwendet werden. Außerdem waren bei dem Gefälle 1 : 18 besondere Bremsvorkehrungen erforderlich. Zusätzlich zu der von der Lok aus bedienten durchgehenden Schmid'schen*) Schraubenradbremse und der Reibungshandbremse mußte jeder zweite Wagen eines Höllentalbahn-Zuges mit einer „bemannten" Zahnrad-Spindelbremse ausgerüstet sein. Wagen mit Bremszahnrad hat es in Deutschland nur noch in Württemberg gegeben. In den Jahren 1887 und 1888 sind 30 zweiachsige Wagen, darunter 21 mit Zahnradbremse, beschafft worden: zwei aus offenen Güterwagen umgebaute Aussichtswagen I. Klasse (Ai, Achsstand 3900 mm) und drei Bi (4250 mm) mit sowie vier (4000 mm) ohne Bremszahnrad, drei BCi (4000 mm) mit, sieben Ci (4000 mm) mit und fünf (4300 mm) ohne sowie vier Gepäckwagen (4000 mm) und zwei Bahnpostwagen der Reichspost (4250 mm) mit Zahnradbremse. Alle Wagen besaßen Spurkranzschmierung. 1901, als die VIb als Zuglokomotive die Personenzüge auf der Höllentalbahn übernahm, ist die Zahnradbremse aus- und die Westinghouse-Bremse anstelle der Schmid-Bremse eingebaut worden. Über die Höllentalbahn ist ab 1908 ein Eilzugpaar zwischen Kolmar und München (über Ulm) geführt worden; ein zweites — mit Kurswagen von und nach Mülhausen (über Neuenburg) — kam 1913 dazu.

Eine Besonderheit stellen drei „Sommerwagen I. Klasse mit Veranda" (1876), die während des Sommerfahrplanes als „Aussichtswagen" in den Schnellzügen auf der Schwarzwaldbahn liefen, dar. Der Ci-10723 aus der Gruppe 106 ist als Versuchswagen mit Zugkraft- und Geschwindigkeitsmesser für das Maschinentechnische Büro eingerichtet worden, wozu eine (dritte) Antriebsachse unter dem Apparateabteil eingebaut wurde. Bis 1900 ist als Versuchswagen der 1888 umgebaute Hofsalonwagen Nr. 228 aus dem Jahre 1842 verwendet worden. Ein weiteres Unikat ist der BCCi-6607 (Gruppe 93a), der 1905 aus dem Akkumulatoren-Abteilwagen entstand.

Erwähnenswert sind auch zwei vierachsige Drehgestellwagen von 1866 mit einem Halbabteil I. (4 Plätze), einem Abteil II. (8 Plätze) und einer Abteilung III. Klasse (32) sowie einem Gepäckabteil. Sie sind, in veränderter Form, noch 1903 als vierachsige BCCi (Gr. 93) mit offenen Plattformen und Übergängen vorhanden. Ab 30. 9. 1877 sind in die Nachtzüge zwischen Frankfurt a. M. und Basel Schlafwagen eingestellt worden. Hierfür beschafften die Badischen Staatseisenbahnen und die Main-Neckar-Bahn je zwei dreiachsige *Schlafwagen* mit 4 Plätzen I. und 8 Plätzen II. Klasse.

*) Wolfgang Schmid (1842—1905): Abteilungs-Maschinenmeister der K. Bayer. Staatseisenbahnen

Die beiden badischen Wagen sind 1894 in zweiachsige „Kupeewagen“ I. und II. Klasse umgebaut worden.
Eine besondere, geheimnisumwitterte Spezies waren von jeher die *Hof-* und *Salonwagen*. Der erste Hofwagen, der breitspurige „Gala-Wagen“ des Großherzogs Leopold von 1842, prangte in leuchtend blauem Lack; er entsprach in seiner Form der Hofkutsche. Wagenbautechnisch verlief die Entwicklung des Salonwagens parallel zum gewöhnlichen Personenwagen, nur die Inneneinrichtung unterschied sich von diesen durch einen oder zwei Salons mit Tisch und Sesseln, eventuell mit „Cabinet“. Dem Großherzoglichen Hof standen jeweils zwei bis drei Salonwagen zur Verfügung. Ende der fünfziger Jahre waren es drei dreiachsige „Hofgalawagen“, 1876 z. B. zwei zweiachsige und der dreiachsige „Hofsalonwagen“ von 1858. Die Zweiachser verschwanden während der achtziger Jahre; 1899 waren zwei Dreiachser (von 1858 und 1888) vorhanden. 1894 lieferte Rathgeber einen sechsachsigen Hofwagen, 1918 den zweiten. Einen sechsachsigen Salonwagen ließ der in Donaueschingen residierende Fürst Fürstenberg 1900 in Görlitz bauen (Nr. 220 125). Sechs vierachsige D-Zug-Salonwagen AAü (Nrn. 14398—14403) lieferte Rathgeber 1902. Diesen war seit 1855 eine Reihe verschiedenartiger dreiachsiger und zweiachsiger (ab 1863) Salonwagen A, AB und B vorausgegangen. Bis Ende der neunziger Jahre sind stets etwa 28 Salonwagen bereitgehalten worden (z. B. 1876: 9 I., 17 I./II., 2 II. Klasse = 28, 1897: 15 A und 14 AB = 29; 1898 Umbau von 5 Salon-AB in Abteilwagen III. Klasse).

2. Post- und Gepäckwagen

Auf den Badischen Staatseisenbahnen liefen die ersten Bahnposten in Deutschland. Ab 1. 4. 1848 verkehrten von Heidelberg aus „zu Postbureaux eingerichtete Transportwagen“. Es waren dies vier im November 1846 bei Vögele in Dinglingen in Auftrag gegebene Personenwagen II. Klasse mit Postabteil. Bereits 1855 sind 14 zweiachsige „Briefpostwagen“, acht zweiachsige „Postpackwagen“, zwei zweiachsige und vier dreiachsige Personenwagen II. Klasse mit „Briefpostabteilung“ vorhanden. 1857 ist ein eigenes „Bahnpostamt“ in Heidelberg errichtet worden, das noch im gleichen Jahr in das Karlsruher Stationsgebäude verlegt wurde. Am 1. 1. 1872 ging die Großherzoglich Badische Post in der Deutschen Reichspost auf. 40 Postwagen sind an die Reichspostverwaltung verkauft und in deren Wagenpark unter den Nummern 762 bis 801 eingereiht worden. Der bahneigene kombinierte Personen- bzw. Gepäckwagen mit Postabteil wurde beibehalten. Unikate waren die beiden Zahnrad-Bahnpostwagen von 1887 für die Höllentalbahn.

Badische Bahnpostwagen 1855—1871

	1855—1862	1863	1864	1865	1866	1871
a) Briefpostwagen						
zweiachsige	14	16	16	16	22	32
dreiachsige			2	2	2	2
b) Postpackwagen						
zweiachsige	8	8	12	16	18	13
c) Wagen II. Klasse mit Briefpost-abteil						
zweiachsige	2	—				
dreiachsige	4	4*)	2	—		

*) 2 Umbau in Briefpostwagen

Wagen zur Gepäckbeförderung gibt es in Baden seit 1840. Ende 1862 waren 51 zweiachsige Gepäckwagen vorhanden. Von 1854 bis 1857 sind 19 dreiachsige „Reisegepäckwagen“ eingestellt worden. Als Personenzug-Gepäckwagen wird zwischen 1863 und 1883 ein zweiachsiger, holzverkleideter Wagen mit 4,5 m Achsstand, 8,9 m LüP und 7,7 m langem Wagenkasten, mit erhöhtem „Zugmeistersitz“ beschafft, darunter solche mit Postabteil und einige als Heizwagen mit Dampfkessel. Daneben werden auch Packwagen mit offenen Übergängen und ohne Aufbau gebaut (Pi und PPosti). Die Höllental-Packwagen mit Zahnradbremse sind schon angeführt worden. 1887 erscheint der „große Gepäckwagen“ für Schnellzüge: Achsstand 7400, LüP 11 260 mm, Kastenlänge 10 m, Holzlattenverkleidung, ohne Übergang, erhöhter Zugmeistersitz, teils mit Oberlicht, teils mit hohem Bremserhaus. Diesem folgt 1902 der dreiachsige Pü für D-Züge mit Faltenbälgen. Der vierachsige PPü erscheint 1905, ein geschlossener Dreiachspackwagen 1909. Gleichzeitig mit den langen zweiachsigen Durchgangs-Personenzugwagen werden ab 1911 entsprechende Gepäckwagen mit Dachaufbau, aber ohne Übergänge, in Dienst gestellt.
Nach dem Weltkrieg mußten rund 400 badische Personen- und Gepäckwagen, das ist $1/7$ des Vorkriegsbestandes, an die Siegermächte abgeliefert werden.

V. Quellen und Literatur

Akten des Generallandesarchivs Karlsruhe:
Abt. 233 — Staats-Ministerium (Generalia-Eisenbahnen)
Abt. 421 — Eisenbahndirektion

Nachweisungen über den Betrieb der Großh. Badischen Staats-Eisenbahnen 1840 bis 1875

Jahresberichte über die Eisenbahnen und die Bodenseedampfschiffart im Großherzogtum Baden 1876 bis 1919

Verordnungsblatt der Generaldirektion der Großh. Badischen Staatseisenbahnen 1872 ff.

dgl. Nachrichtenblatt 1905 ff.

Lokomotiven- und Wagenverzeichnisse der Großh. Badischen Staatseisenbahnen

Gaiser, Franz: Die Crampton-Lokomotive. Neustadt a. d. Haardt 1909.

Helmholtz, Richard v.: Die historischen Lokomotiven der Badischen Staats-Eisenbahnen. — Mskr. München 1921 (Rbd. Karlsruhe 1936).

R. v. Helmholtz und W. Staby: Die Entwicklung der Lokomotive, I. Band — München und Berlin 1930.

Verein Mitteleuropäischer Eisenbahnverwaltungen, Hrsg.: Die Entwicklung der Lokomotive, II. Band — München und Berlin 1937.

Kuntzemüller, Albert: Die Badischen Eisenbahnen. — Karlsruhe 1953 (2. Aufl.)

Mühl, Albert: Emil Kessler. In: Pioniere des Eisenbahnwesens, Hrsg. E. Born, Darmstadt (o. J.).

Mühl, Albert: Die Zugförderung auf der 75jährigen Höllentalbahn. — Voraus 12/1962.

Mühl, Albert: Geschichte der Zugförderung auf der badischen Schwarzwaldbahn. — LOK-MAGAZIN 4, Stuttgart 1963.

Mühl, Albert: Kleine Lokomotivgeschichte: Die badische IVg. — LOK-MAGAZIN 23, Stuttgart 1967.

Mühl, Albert: Zur Geschichte des Betriebsmaschinendienstes in Baden 1893—1939. — LOK-MAGAZIN 25 und 30, Stuttgart 1967 und 1968.

VI. Tabellen

1. Verzeichnis der Breitspur-Lokomotiven

Nr.	Name	Gattung	Bauart	Erbauer	Fabr.-Nr.	Jahr	Umbau 1854		
1	Loewe	Ia	1A1	Sharp	67	1839	nicht umgeb.,		
2	Greif				66	1839	verk. 1857		
3	Heidelberg				110	1841	1A1-T		+ 1865
4	Mannheim				141	1841	nicht umgeb., verk. 1857		
5	Roberts				212	1843	1A1-T		+ 1865
6	Freiburg				213	1843	1A1-T		+ 1865
7	Badenia	Ib	1A1	Kessler	1	1842	1A1		+ 1863
8	Carlsruhe				2	1842	1A1		+ 1863
9	Mercur				(3)	1843	1A1		+ 1863
10	Meteor				(4)	1843	1A1		+ 1863
11	Vulcan				(5)	1843	1A1		+ 1863
12	Jupiter				(6)	1843	1A1		+ 1863
13	Phoenix				(7)	1843	1A1		+ 1863
14	Offenburg				(8)	1843	1A1		+ 1863
15	Expansion				(9)	1843	1A1-T		+ 1867
16	Germania	II	1A1	Stephenson	372	1843	2A		
17	R. Stephenson				373	1843	2A mit		
18	Staufenberg				433	1844	2A Blindwelle		
19	Ortenau				434	1844	2A		+ 1865
20	Rhein	IIIa	1A1	Kessler	(10)	1844	1A1		+ 1865
21	Rastatt				(11)	1844	1A1		+ 1864
22	Murg				(12)	1844	1A1	„Neckar"	+ 1865
23	Kinzig				(13)	1844	1A1	„Murg"	+ 1867
24	Neckar				(14)	1844	1A1	„Kinzig"	+ 1865
25	Bruchsal	IIIb	1A1	Meyer	9	1844	1A1		+ 1864
26	Durlach				10	1844	1A1		+ 1865
27	Kehl				15	1844	1A1		+ 1864
28	Eberstein				16	1844	1A1		+ 1865
29	Alemannia	IIIc	1A1	Kessler	(21)	1845	1A1		
30	Zaehringen				(22)	1845	1A1	„Dreisam"	
31	J. G. Tulla				(23)	1845	1A1	„L. Winter"	+ 1872
32	L. Winter				(24)	1845	1A1	„Hochburg"	
33	Kaiserstuhl				(25)	1845	1A1		
34	Dreisam				(26)	1845	1A1	„P. Hebel"	+ 1872
35	Hochburg				(27)	1845	1A1	„J. G. Tulla	
36	P. Hebel				(28)	1845	1A1	„Zaehringen"	+ 1872
37	Britannia	IV	1A1	Stephenson	473	1845	1A1		
38	R. Trevithick				474	1845	1A1	„James Watt"	
39	James Watt				475	1845	1A1	„R. Trevithick"	
40	Schwarzwald				476	1845	1A1		
41	Breisgau				477	1845	1A1		

1. Verzeichnis der Breitspur-Lokomotiven (Fortsetzung)

Nr.	Name	Gattung	Bauart	Erbauer	Fabr.-Nr.	Jahr	Umbau 1854			
42	Galilei	V	1B	Meyer	21	1845	1A1	mit Außenrahmen		
43	Newton				22	1845	1A1		„Kepler“	
44	Kepler				23	1845	1A1		„Newton“	
45	Laplace				24	1845	1A1			
46	Pambour				25	1845	1A1			
47	Fortuna	VI	C	Kessler	(31)	1845	1B	1. Achse entk.		+ 1865
48	Pirmin				(32)	1845	1B			+ 1865
49	Hercules				(33)	1845	1B			+ 1865
50	Hector				(34)	1845	1B			
51	Jason				(35)	1845	1B		„Achilles“	+ 1865
52	Fridolin				(36)	1845	1B		„Medea“	+ 1865
53	Achilles				(37)	1845	1B		„Jason“	
54	Medea				(38)	1845	1B		„Fridolin“	+ 1865
55	Columbus	VII	2B	Norris	.	1845	2B			+ 1868/69
56	America				.	1845	2B			+ 1868/69
57	Wm Norris				.	1845	2B			+ 1868/69
58	Philadelphia				.	1845	2B			+ 1868/69
59	Erwin	VIII	1A1	Kessler	(84)	1847	1B	ab 1865 Umbau in 1B-T		
60	Berthold				(85)	1847	1B			
61	Schoepflin				(86)	1847	1B			
62	Aurelia				(87)	1847	1B			
63	Sausenberg				(88)	1847	1B			
64	Emil Kessler				100	1847	1B			
65	Landolin				(102)	1847	1B			
66	Loerrach			Hartmann & Lindt	(1)	1846				
				Umbau Kessler	(130)	(1848)	1B			+ 1867

Bemerkungen:
Die ersten fünf Karlsruher Lokomotiven, Nrn. 7 bis 11, wurden von der Firma „Kessler & Martiensen“ gebaut. Ab Nr. 12 „Emil Kessler — Carlsruhe“.
Die mit ( ) versehenen Kessler-Fabriknummern sind wahrscheinlich, jedoch nicht mehr mit Bestimmtheit nachweisbar.
Die Namenschilder von 17 Lokomotiven sind bei der Montage nach dem Umbau, offensichtlich in der Hauptwerkstätte, vertauscht worden.

2. Namen der Lokomotiven 67 — 217

(Betriebsnummer, Name, Gattung)

67	Adler	IX
68	Falke	
69	Comet	
70	Pfeil	
71	Elz	
72	Wiese	
73	Wutach	
74	Rench	
75	Lahr	
76	Basel	
77	Feldberg	Xa
78	Belchen	
79	Blauen	
80	Kandel	
81	Yburg	
82	Windeck	
83	Rheinfelden	IX
84	Saeckingen	
85	Laufenburg	
86	Waldshut	
87	Pforzheim	
88	Constanz	
89	Strassburg	
90	Pfalz	
91	Copernicus	XI
92	Guericke	
93	Humboldt	
94	Leibniz	
95	Geroldseck	
96	Lichteneck	
97	Roetteln	
98	Hauenstein	
99	Mosbach	XII
100	Dilsberg	
101	Schopfheim	
102	Schaffhausen	
103	Hohentwiel	
104	Radolfzell	
105	Stockach	
106	Ueberlingen	
107	Mainau	
108	Reichenau	
109	Muellheim	
110	Leopard	
111	Strauss	
112	Delphin	
113	Odenwald	XI
114	Elsenz	
115	Kraichgau	
116	Klettgau	
117	Hegau	
118	Bodensee	XI
119	Muehlacker	
120	Friedrich List	
121	Guttenberg	
122	Euler	
123	Redtenbacher	
124	Franklin	
125	Kuessaburg	
126	Nellenburg	
127	Eberbach	XII
128	Meersburg	
129	Ettlingen	
130	Buehl	
131	Achern	
132	Kenzingen	
133	Zwingenberg	Xb
134	Schauenburg	
135	Heiligenberg	
136	Hohenkraehen	
137	Main	
138	Donau	
139	Tauber	
140	Pfinz	
141	Emmendingen	XII
142	Breisach	
143	Maxau	
144	Wertheim	
145	Bischofsheim	
146	Villingen	
147	Donau Eschingen	
148	Zuerich	
149	Frankfurt	
150	Alb	Xc
151	Schutter	
152	Werra	
153	Kniebis	
154	Katzenbuckel	
155	Randen	
156	Theuerdank	
157	Siegfried	
158	Roland	
159	Balder	
160	Thor	
161	Wodan	
162	Aach	Xd
163	Ablach	
164	Biber	
165	Gutach	
166	Jaxt	
167	Nagold	
168	Baar	

2. Namen der Lokomotiven 67 — 217 (Fortsetzung)
(Betriebsnummer, Name, Gattung)

169	Hagenschiessen	Xd	193	Wolfach	XIV
170	Jura		194	Wuerzburg	
171	Sentis		195	Vorwaerts	
172	Schauinsland		196	Bezelin	
173	Buerglen		197	Hermann	
			198	Ulrich v. Hutten	
174	Schoenberg	XIII	199	Joh. Reuchlin	
175	Schwan		200	Hohenstoffeln	Xd
176	Bregenz	XIV	201	Gamburg	
177	Engen		202	Kastelberg	
178	Gengenbach		203	Mahlberg	
179	Haslach		204	Maegdeberg	
180	Hausach		205	Wartenberg	
181	Hornberg		206	Weissenstein	
182	Lauda		207	Wildenstein	
183	Lindau		208	Romeias	
184	Mergentheim		209	Brigach	
185	Neukirch		210	Huenersedel	
186	Pfullendorf		211	Koenigstuhl	
187	Schefflenz		212	Werrenwaag	
188	Singen		213	Hohenhoewen	
189	Sinsheim		214	Lusshardt	
190	Tryberg		215	Glotter	
191	Waldkirch		216	Spessart	
192	Wimpfen		217	Steinsberg	

3. Verzeichnis der Dampflokomotiven der Badischen Staatseisenbahnen 1854 bis 1923

Gattung Bauart		Betr.-Nrn.	Jahr	Erbauer	Fabr.-Nrn.	Stückzahl		Bemerkungen
Ia B-n2-T		174, 175	1866	Kar	258/9		2	alt XIII
Ib B-n2-T	Ib^1	402, 403	1874	Kar	834/5	2		1879 ex Pfalz-B. VII, VIII
	Ib^2	240	1893	Kar	1340	1	3	
Ic 1B-n2-T		60, 65, 63	1880	Kar	991/2, 1000		3	
Id 1A-n2-T		62, 436, 437	1882/85	Kar	1028, 1148/9		3	
Ie B-n2-T	Ie^1	443–447	1887	Kar	1179–83	5		
	Ie^2	448, 449	1888	Kar	1210/1	2		
	Ie^3	478–481	1888	Kar	1231–4	4		
	Ie^4	179, 183, 186, 190, 192–195, 245	1890	Kar	1252–60	9		
	Ie^5	117–123	1892	Kar	1327–33	7		
	Ie^6	99, 101, 105 (1894: 115)	1892/93	Kar	1337–9	3	30	
If B-n2-T		339	1899	Kar	1539		1	1904 ex Rheinau

3. Verzeichnis der Dampflokomotiven der Badischen Staatseisenbahnen 1854 bis 1923 (Fortsetzung)

Gattung Bauart		Betr.-Nrn.	Jahr	Erbauer	Fabr.-Nrn.	Stückzahl		Bemerkungen
Ig	Ig^{1}	69, 71, 207, 212, 214	1914	Kar	1893–7	5		
1B-h2-T	Ig^{2}	1, 2, 39, 86, 87, 248, 286, 373, 423 485, 895–899	1916	Kar	1961–75	15	20	
II		67–76	1854/55	Kar	3–12	10		sp. „II alt"
2A-Crampton		1, 2, 4	1856	HwKar	–	3		
		83–90	1858/59	Kar	74–77, 89–92	8		
		7–14	1863	Kar	195–202	8	29	
IIa	IIa^{1}	452–463	1888	Kar	1190–1201	12		
2B-n2	IIa^{2}	41, 37, 53, 58, 82, 90	1889/90	Kar	1261–6	6		
		482–487	1890	Kar	1268–73	6	24	
IIb 2B-n2		39, 80, 81, 92, 94, 95, 97, 98, 113, 114	1891	Kar	1310–19		10	
IIc	IIc^{1}	520, 521	1892	Gra	4514/5	2		
2B-n2	IIc^{2}	522–537	1893	Kar	1345–60	16		
	IIc^{3}	518, 519 (II.)	1895/96	Gra	4718/9	2		
	IIc^{4}	572–574	1897	Kar	1445–7	3		
	IIc^{5}	652–663	1900	Har	2571–82	12	35	
IId	IId^{1}	733–744	1902	Maf	2235–46	12		
2B1-n4v	IId^{2}	745–750	1905	Kar	1673–78	6	18	
III	III^{1}	99–104	1861	Kar	141–146	6		alt XII
2B-n2	III^{2}	105–112	1862	Kar	159–166	8		alt XII
	III^{3}	127–132	1862/63	Kar	179–184	6		alt XII
	III^{4}	141–149	1864	Kar	204–212	9		alt XII
	III^{5}	21, 25, 27, 28, 19, 26	1865	Kar	221–226			
		3 (72:4), 5, 6, 20, 22, 24	1865	Kar	242–247	12		alt XII
	III^{6}	230–236	1869	Kar	515–521			sp. IIIa
		17, 29, 33, 35, 36, 55, 56, 58 (1872: 17, 29, 33, 35, 15, 23, 30, 32)	1869	Kar	522–529	15		sp. IIIa
	III^{7}	271–275, 16, 31, 40 (72: 36), 34, 18	1872	Kar	629–638	10		sp. IIIa
	III^{8}	276–285	1873	Gra	2130–39	10		sp. IIIa
	III^{9}	42–46, 67, 70	1875	Kar	689–875	7		sp. IIIa
	III^{10}	356–361, 74	1875	Gra	2462–68	7	90	sp. IIIa
IVa	IVa^{1}	176–199	1866/67	Gra	361–384	24		alt XIV
B-n2	IVa^{2}	15, 23, 30, 32 (72:40, 55, 56, 58), 37–39, 41, 50 (72:54), 53,57, 66 (72:59)	1867/68	Kar	461–472	12		alt XIV
	IVa^{3}	237–246	1870	Kar	543–552	10	46	–
		Alle 46 Lok 1880–1886 in B1-n2-T umgebaut						
IVb		42, 44 (75:342/3),324–341	1873/74	Maf	930–949		20	
1B-n2		Alle 20 Lok 1888–1892 in 1B1-n2-T umgebaut						
IVc	IVc^{1}	362–373	1875	Kar	879–889	12		
1B-n2	IVc^{2}	73, 75, 76, 374–381	1876	Kar	898–908	11		
	IVc^{3}	387–393	1879	Kar	965–971	7		
	IVc^{4}	1, 2, 14, 422, 423	1884	Kar	1074–78	5		

3. Verzeichnis der Dampflokomotiven der Badischen Staatseisenbahnen 1854 bis 1923 (Fortsetzung)

Gattung Bauart		Betr.-Nrn.	Jahr	Erbauer	Fabr.-Nrn.	Stückzahl		Bemerkungen
IVc	IVc^{5}	9, 66, 69, 91, 116, 7	1885	Kar	1124–29			
1B-n2		8, 10–13, 68	1885	Kar	1136–41	12		
	IVc^{6}	93, 96, 71, 72, 133, 85	1886	Kar	1150–55	6		
	IVc^{7}	83, 84, 86–89	1887	Kar	1184–89	6	59	
IVd		124–126, 134–140, 177, 196,	1891	Maf	1593–1606		14	
1B1-n2-T		239, 246						
IVe	IVe^{1}	48	1894	Gra	4551	1		
2C-n4v	IVe^{2}	18, 36, 38, 52, 188, 229, 230	1895	Gra	4701–07	7		
	IVe^{3}	273–275, 552–556	1895	Kar	1396–1403	8		
	IVe^{4}	575–581	1897	Kar	1448–54	7		
	IVe^{5}	582–595	1898	Kar	1482–95	14		
	IVe^{6}	28, 54, 55, 108, 111, 128, 147,	1899	Kar	1520–38	19		
		149, 182, 197, 205, 356,						
		622–628						
	IVe^{7}	664–690	1900/01	Kar	1544–70	27	83	
IVf	IVf^{1}	751–753	1907	Maf	2512–14	3		
2C1-h4v	IVf^{2}	754–765	1909	Kar	1785–96	12		
	IVf^{3}	833–844	1912	Kar	1839–50	12		
	IVf^{4}	845–852	1913	Kar	1864–71	8	35	
IVg		828–832	1912	Kar	1818–22		5	
1C1-t4v								
IVh	IVh^{1}	49, 64, 95	1918	Maf	4627–29	3		
2C1-h4v	IVh^{2}	1000–1008	1919/20	Maf	5086–94	9		
	IVh^{3}	1009–1016	1920	Maf	5107–14	8	20	
Va		91–96	1860	Kar	94/5, 98–101	6		alt XI
1B-n2		97, 98	1861	Kar	122, 123	2		alt XI
		113–122	1862	Kar	149–158	10		alt XI
		123–126	1863	Kar	185–188	4	22	alt XI
		Lok 120 „Friedrich List“ Okt. 1875 in 1B-n2-T umgebaut (1891:1120)						
Vb		64, 382–386, 3, 61	1876/77	Kar	909–916		8	
1B-n2-T								
VI		150–155	1864	Kar	213–218	6		alt Xc
C-n2		47, 49, 52, 54 (72:50), 51, 48	1865	Kar	249–254	6		alt Xc
		156–161	1866	Kar	260–265	6		alt Xc
		218–229	1868/69	Kar	500–511	12	30	alt Xc
VIa		358, 359	1900	Kar	1541/2		2	
1C-n2-T								
VIb	IVb^{1}	15–17, 23, 29, 32–34, 40, 59,	1900	Maf	2097–2111	15		
1C1-n2-T		141, 176, 185, 220, 233						
	VIb^{2}	35, 44, 67, 74, 100, 103, 104,	1901/02	Kar	1594–1609	16		
		231, 234, 236, 271, 276–280						
	VIb^{3}	4–6, 19–22, 26, 27, 30, 31,	1902	Kar	1613–1634	22		
		42, 43, 70, 106, 109, 127, 129,						
		130, 132, 142, 143						
	VIb^{4}	50, 145, 146, 148, 170, 281–	1903	Kar	1638–1647	10		
		285						

3. Verzeichnis der Dampflokomotiven der Badischen Staatseisenbahnen 1854 bis 1928 (Fortsetzung)

Gattung Bauart		Betr.-Nrn.	Jahr	Erbauer	Fabr.-Nrn.	Stückzahl		Bemerkungen
VIb 1C1-n2-T	VIb^{5}	178, 203, 204, 219, 232, 235, 237, 272, 290, 325, 360	1903/04	Kar	1649–1659	11		
	VIb^{6}	45, 174, 201, 224, 254	1904	Kar	1664–68	5		
	VIb^{7}	157, 198, 208, 225, 252, 256, 259, 301, 328, 334, 336, 341, 348, 349, 361, 365, 374, 379	1906	Kar	1680–97	18		
	VIb^{8}	51, 73, 160, 164, 202, 223, 298, 337, 346, 347, 375, 376, 388, 389	1907	Kar	1706–19	14		
	VIb^{9}	793–812	1908	Kar	1753–64/77–84	20		
	VIb^{10}	1133–1152	1921	Kar	2165–84	20		
	VIb^{11}	1193–1214	1923	Kar	2263–84	22	173	
VIc 1C1-h2-T	VIc^{1}	900–909	1914	Kar	1883–92	10		
	VIc^{2}	875–894	1915/16	Kar	1941–60	20		
	VIc^{3}	910–923	1916/17	Kar	1976–89	14		
	VIc^{4}	924–938	1917	Kar	1991–2005	15		
	VIc^{5}	939–948	1917/18	Jung	2522–4/6–32	10		
	VIc^{6}	949–958	1917	Kar	2006–15	10		
	VIc^{7}	959–971	1918	Jung	2750–62	13		
	VIc^{8}	1082–1104	1920	Kar	2087–2109	23		
	VIc^{9}	1105–1124	1921	Kar	2133–52	20	135	
VIIa C-n2	VIIa^{1}	162–173	1866	Kar	269–280	12		alt Xd
	VIIa^{2}	200–202	1866	Kar	296–298			alt Xd
		203–207	1867	Kar	456/8/60, 473, 459	8		alt Xd
	VIIa^{3}	208	1868	Kar	485 (474?)	1		
	VIIa^{4}	209–217	1868	Kar	486–494	9		
	VIIa^{5}	247–258	1870	Kar	565–576	12		
	VIIa^{6}	259–264	1871	Kar	600–605	6		
	VIIa^{7}	265–270	1872	Kar	623–628	6		
	VIIa^{8}	286–311	1873	Kar	686–711	26		
	VIIa^{9}	312–323	1874	Kar	799–810	12		
	VIIa^{10}	394–401	1879	Kar	957–964	8		
	VIIa^{11}	404–412	1880	Kar	981–6/95–7	9		
	VIIa^{12}	79, 413–415	1881	Kar	999, 1001–3	4		
	VIIa^{13}	77, 78, 416–421	1883	Kar	1056–60, 1085–87	8		
	VIIa^{14}	424–435	1884/85	Kar	1117–22/30–5	12		
	VIIa^{15}	464–477	1888	Kar	1217–1230	14		
	VIIa^{16}	488–491	1890	Kar	1274–1277	4		
	VIIa^{17}	492–511	1890	Kar	1285–94			
			1891	Kar	1296–1305	20	171	
VIIb C-n2	VIIb^{1}	77–82	1855/56	Kar	19–24	6		alt Xa
	VIIb^{2}	133–140	1863	Kar	171–178	8	14	alt Xb
VIIc C-n2		512–515	1891	Kar	1306–1309		4	
VIId C-n2v	VIId^{1}	516, 517	1893	Kar	1341/2	2		
	VIId^{2}	150–155	1894	Kar	1372–77	6		

3. Verzeichnis der Dampflokomotiven der Badischen Staatseisenbahnen 1854 bis 1923 (Fortsetzung)

Gattung Bauart		Betr.-Nrn.	Jahr	Erbauer	Fabr.-Nrn.	Stückzahl		Bemerkungen
VIId	VIId^{3}	187, 199, 357, 557–571	1896	Kar	1421–38	18		
C-n2v	VIId^{4}	131, 181	1896	Kar	1820/1	2		
	VIId^{5}	24, 25, 107, 110, 112, 156, 210, 222, 243, 244	1897	Kar	1460–69	10		
	VIId^{6}	596–606	1898/99	Kar	1499–1509	11		
	VIId^{7}	607–615	1898	Maf	1933–41	9		
	VIId^{8}	616–621	1898/99	ME	2961–66	6		
	VIId^{9}	635–649	1899	Maf	2006–20	15		
	VIId^{10}	703–712	1901	ME	3137–46	10		
	VIId^{11}	713–722	1901	Kar	1579–88	10		
	VIId^{12}	723–732	1902	Maf	2112–21	10	109	
VIIIa D-n2		344–355	1875	Han	1256–67		12	
VIIIb		56, 57, 180	1887	Sharp	3396/7/9	3		1892 in Betrieb
D-n2		184, 191	1888	Sharp	3438/9	2		1893 in Betrieb
		102, 105, 144, 242, 238	1886-88	Sharp	3366/93/5/8 3440	5	10	1894 in Betrieb
VIIIc	VIIIc^{1}	518, 519 (1896:550,551)	1893	Gra	4536/7	2		
BB-n4v	VIIIc^{2}	538–549	1895	Kar	1383–94	12		
	VIIIc^{3}	629–634	1899	ME	3057–62	6		
	VIIIc^{4}	691–702	1900	ME	3088–99	12	32	
VIIId D-n2-T		650, 651	1900	Hen	5139/40		2	
VIIIe	VIIIe^{1}	771–775	1908	Maf	2717–21	5		
1D-n4v	VIIIe^{2}	776–780	1908	Kar	1720–24	5		
	VIIIe^{3}	813–827	1910	Kar	1798–1812	15		
	VIIIe^{4}	9, 12, 116, 161, 211, 221, 260, 268, 352, 370	1911	Kar	1823–32	10		
	VIIIe^{5}	65, 75, 88, 163	1912	Kar	1854–57	4		
h4v	VIIIe^{6}	228, 293, 326, 329, 332, 333, 386, 390	1913	Kar	1874–81	8		
	VIIIe^{7}	3, 46, 47, 158, 189, 264, 327, 331, 342, 853–861	1914	Kar	1901–18	18		
	VIIIe^{8}	862–866	1915	Kar	1930–34	5	70	
IXa	IXa^{1}	438–442	1887	Kar	1162–66	5		
C-n2(4)-T	IXa^{2}	450, 451	1888	Kar	1212/3	2	7	
IXb	IXb^{1}	344, 345, 371, 736	1910	ME	3544–47	4		
C1-n2(4v)-T	IXb^{2}	737–739	1921	ME	3983–85	3	7	
X B-n2-T Kranlok		149	1895	Barclay			1	
Xa		324, 335	1898	Kar	1479/80	2		1904 ex Rheinau
C-n2-T		343, 354	1900	Kar	1575/76	2		1904 ex Rheinau
		378, 422	1901	Kar	1589/90	2	6	1904 ex Rheinau
Xb	Xb^{1}	159, 218, 227, 251, 267, 338 350, 353, 355, 366, 372, 377, 380, 381, 393, 766–770	1907/08	Kar	1726–45	20		
D-n2-T								

3. Verzeichnis der Dampflokomotiven der Badischen Staatseisenbahnen 1854 bis 1923 (Fortsetzung)

Gattung Bauart		Betr.-Nrn.	Jahr	Erbauer	Fabr.-Nrn.	Stückzahl	Bemerkungen
	Xb^2	781–792	1908/09	Kar	1765–76	12	
	Xb^3	11, 133, 216, 247 304, 330, 368, 391, 392, 867, 868	1914	Kar	1919–29	11	
	Xb^4	869–874	1915	Kar	1935–40	6	
	Xb^5	37, 60, 62, 63, 72, 93 175, 255, 312	1918	Kar	2026–34	9	
	Xb^6	339, 340, 367, 436, 437, 650, 651, 997–999	1919	Kar	2057–66	10	
	Xb^7	8, 10, 18, 33, 56, 57, 66, 68, 91, 114, 125, 126, 135, 187, 191, 310, 318, 364, 369, 396, 458, 549, 553, 591, 631, 679, 683, 687, 690, 726	1921	Maf	5216–45	30	98
G 12	G 12^1	972–981	1918	Kar	2016–25	10	
1E-h3	G 12^2	982–996	1919	Kar	2035–49	15	
	G 12^3	1017–1036	1919/20	Kar	2067–86	20	
	G 12^4	1037–1046	1918	LHW	5555–9/68–72	10	gek. von KPEV
	G 12^5	1047–1058	1921	BBC	5001–12	12	
	G 12^6	1059–1081	1920/21	Kar	2010–32	23	
	G 12^7	1125–1132	1921	Kar	2153–60	8	98
P 8 2C-h2		1153–1192	1922	Kar	2199–2238		40

Abkürzungen:

BBC	Brown, Bovery
Gra	Usine de Graffenstaden, ab 1872 Elsässische Maschinenbau-Ges., Werk Grafenstaden
Han	Hanomag
Har	Hartmann, Chemnitz
Kar	Maschinenbau-Gesellschaft Karlsruhe
HwKar	Grossh. Hauptwerkstätte Karlsruhe
Maf	Maffei
ME	Maschinenfabrik Esslingen
LHW	Linke-Hofmann-Werke, Breslau

4. Stationierung der Lokomotiven 1901

Gatt.	Betriebswerkstätte
Ia	Offenburg
Ib	Heidelberg
Ic	Lauda
Id	Offenburg, Freiburg, Konstanz
Ie	Mannheim, Heidelberg, Karlsruhe, Freiburg, Basel, Villingen, Konstanz
IIa	Mannheim, Konstanz
IIb	Heidelberg, Karlsruhe, Offenburg
IIc	Karlsruhe, Offenburg
IIIa	Heidelberg, Karlsruhe, Offenburg, Freiburg
IIIb	Heidelberg, Karlsruhe, Offenburg, Basel, Konstanz
IVb	Lauda, Konstanz
IVc	Heidelberg, Lauda, Karlsruhe, Freiburg, Basel, Villingen, Konstanz
IVd	Mannheim, Karlsruhe, Konstanz
IVe	Mannheim, Heidelberg, Karlsruhe, Lauda, Offenburg, Freiburg
Vb	Karlsruhe
VI alt	Offenburg, Freiburg, Karlsruhe
VIa	Mannheim
VIb	Mannheim, Karlsruhe, Lauda, Offenburg, Freiburg, Basel
VIIa	in allen Bw
VIIc	Mannheim, Lauda
VIId	Mannheim, Heidelberg, Karlsruhe, Offenburg, Freiburg
VIIIa	Karlsruhe
VIIIb	Lauda
VIIIc	Mannheim, Lauda, Villingen
VIIId	Lauda
IX	Freiburg

5. Stationierung der neueren Lokomotiven — 31. 7. 1914

Bw	Ig	IIa	IIb	IIc	IId	IVe	VIa	VIc	IVf	IVg	VIId	VIIIb	VIIId	VIIIc	VIIIe
Lauda						13						10		14	
Heidelberg						19					17				
Mannheim Pbf			2	9			2								
Mannheim Rbf											22				22
Karlsruhe Pbf		12		10		23		2	9	5					
Karlsruhe Rbf											26		2		25
Offenburg	2			2	17	19			26		30				2
Freiburg Pbf						5		6							
Freiburg Rbf											7				16
Haltingen		8				4					7				
Konstanz	1	4	7	14				2							
Villingen	2													18	
Insgesamt	5	24	9	35	17	83	2	10	35	5	109	10	2	32	65

6. Lokomotiv-Bestände 1880 bis 1914

Gattung	1880	1892	1902	1906	1910	1914
Ia	2	2	1	1	1	1
Ib	2	2	3	3	3	3
Ic	3	3	3	3	3	2
Id	—	3	3	3	3	3
Ie	—	23	30	30	30	30
If*)	—	—	—	1	1	1
Ig	—	—	—	—	—	5
IIa (alt)	22	1	1	—	—	—
IIa	—	24	24	24	24	24
IIb	—	10	10	10	10	9
IIc	—	2	35	35	35	35
IId	—	—	12	17	17	17
III	90	—	—	—	—	—
IIIa	—	45	23	13	7	3
IIIb	—	43	19	10	6	3
IVa	46	20	3	2	2	1
IVb	20	20	15	10	9	1
IVc	40	59	57	46	39	23
IVd	—	14	14	14	14	14
IVe	—	—	83	83	83	83
IVf	—	—	—	—	15	35

Gattung	1880	1892	1902	1906	1910	1914
IVg	—	—	—	—	—	5
Va	22	18	2	2	1	—
Vb	8	8	8	8	8	6
Vc	2	—	—	—	—	—
VI (alt)	30	30	20	14	10	3
VIa	—	—	2	2	2	2
VIb	—	—	47	97	131	131
VIc	—	—	—	—	—	10
VIIa	108	171	163	153	151	141
VIIb	14	9	2	1	—	—
VIIc	—	4	4	4	4	4
VIId	—	—	109	109	109	109
VIIIa	12	12	11	4	1	1
VIIIb	—	3	10	10	10	10
VIIIc	—	—	32	32	32	32
VIIId	—	—	2	2	2	2
VIIIe	—	—	—	—	24	65
IXa	—	7	7	7	7	7
IXb	—	—	—	—	4	4
Xa*)	—	—	—	6	6	6
Xb	—	—	—	—	32	43
Insgesamt	421	533	755	756	836	874

*) 1904 ex Rheinau

7. Übernahme der badischen Dampflok durch die Deutsche Reichsbahn

Gattung	DR vorläufig 1923	DR 1925	Baureihe
Ib	3	3	88^{75}
Ie	30	25	88^{75}
Ig	20	20	70^{1}
IIa	10	—	
IIb	5	—	
IIc	13	—	
IId	7	—	
IVd	5	—	
IVe	62	34	38^{70}
IVf	35	22	18^{2}
IVh	20	20	18^{3}

Gattung	DR vorläufig 1923	DR 1925	Baureihe
VIb	165	165	75^{0-3}
VIc	108	108	75^{4}, 75^{10-11}
VIIa	96	47	53^{85}
VIIc	3	2	53^{85}
VIId	91	—	
VIIIc	19	—	
VIIIe	68	68	56^{7}
IXa	7	2	89^{83}
IXb	7	7	97^{2}
Xa	6	6	89^{5}
Xb	91	91	92^{2-3}
	871	620	251 + 1923/24

102 Lokomotiven wurden 1919 an die Entente abgeliefert

8. Hauptabmessungen der Dampflokomotiven ab 1854

Gattung	Bauart	1. Baujahr	Zylinder-Durchmesser mm	Kolbenhub mm	Treibrad-Durchmesser mm	Rostfläche m²	Gesamte Heizfläche m²	Kesseldruck atü	Dienstgewicht t	Reibungsgewicht t
Ia	B-n2-T	1866	280	450	1230	0,65	44,67	8	20	20
Ib²	B-n2-T	1893	280	460	960	0,74	49,16	10	21,8	21,8
Ic	1B-n2-T	1880	260	450	1240	0,7	41,3	9	29,7	20
Id	1A-n2-T	1882	250	450	1240	0,75	31,2	9	22,4	13,3
Ie	B-n2-T	1887	325	550	1235	0,81	49,47	10	28,7	28,7
Ig	1′B-h2-T	1914	375	500	1260	1,22	75,7	12	41,2	27,9
II	69—76 2′A	1854	405	560	2130	1,07	81,79	7	28,5	—
II	7—14 2A	1863	405	560	2134	0,92	79,79	8	28,5	12
IIa	2′B-n2	1888	435	610	1860	1,74	118,9	10	45,4	27,6
IIb	2′B-n2	1891	457	610	1860	1,79	121,5	10	46,9	28,2
IIc	2′B-n2	1892	460	600	2100	2,05	102,6	12	45,7	29,6
IId	2′B1′-n4v	1902	335/570	620	2100	3,87	210	16	75,7	38,3
III	2′B-n2	1861	405	560	1830	0,97	86,22	7	28,65	16
IVa	B-n2	1866	435	610	1676	1,16	87,34	8	27	27
IVb	1B-n2	1873	435	610	1676	1,53	108,4	9	33	22
IVc	1-Bn2	1875	435	610	1676	1,43	92,3	9	35,5	22,5
IVd	1′B1′-n2-T	1891	457	610	1716	1,75	115,6	10	53,9	27,4
IVe	2′C-n4v	1894	350/550	640	1600	2,1	125,93	13	58,8	41,7
IVf	2′C1′-h4v	1907	425/650	610/670	1800	4,5	258,72	16	88,3	49,6

8. Hauptabmessungen der Dampflokomotiven ab 1854 (Fortsetzung)

Gattung	Bauart	1. Baujahr	Zylinder-Durchmesser mm	Kolbenhub mm	Treibrad-Durchmesser mm	Rostfläche m²	Gesamte Heizfläche m²	Kesseldruck atü	Dienstgewicht t	Reibungsgewicht t
IVg	1'C1'-n4v	1912	360/590	640	1700	3,75	210	16	72	46,6
IVh	2'C1'-h4v	1918	440/680	680	2100	5,0	302,4	15	96,92	53,19
Va	1B-n2	1860	406	610	1530	0,97	110,21	7	30,5	21
Vb	1B-n2-T	1876	356	610	1530	1,12	73,3	9	36,7	25
VI	C-n2	1864	455	685	1530	1,09	105	8	35	35
VIa	1'C-n2-T	1900	410	600	1480	2,0	118,95	12	59,60	47,0
VIb	1'C1'-n2-T	1900	435	630	1480	1,83	116,22	13	64,5	41,7
VIc	1'C1'-n2-T	1914	540	640	1600	2,06	146,86	12	78,31	49,7
VIIa	C-n2	1866	455	635	1220	1,32	123,6	9	35,35	35,35
VIIb	C-n2	1855	406	610	1220	1,04	118,2	7	32,65	32,65
VIIc	C-n2	1891	500	635	1262	1,47	123,86	10	40,2	40,2
VIId	C-n2v	1893	500/700	635	1262	1,6	111,52	12	43	43
VIIIa	D-n2	1875	530	635	1220	2,0	181,5	9	49,6	49,6
VIIIb	D-n2	1887	508	660	1295	2,09	120,3	10	51,6	51,6
VIIIc	BB-n4v	1893	390/600	600	1260	1,93	134,83	13	57,8	57,8
VIIId	D-n2-T	1900	420	550	1120	1,57	96,84	12	53,3	53,3
VIIIe	1'D-n4v	1908	395/635	640	1350	3,75	195,0	16	77,9	66,7
VIIIe	1'D-h4v	1913	380/610	640	1350	3,55	235,65	16	75,3	63,2
IXa	C-n2(4)-T (Z)	1887	356/315	550/500	1080	1,37	84,57	10	42,5	42,5
IXb	C1'-n4(4v)-T (Z)	1910	450	550	1080	1,08	115,7	14	57	42,8
Xb	D-n2-T	1907	480	630	1262	1,75	110,19	13	58,4	58,4

9. Personen- und Gepäckwagen – Bestandsübersicht am 1. 10 1903

Gruppe	Benennung	Baujahre	Erbauer	Anzahl
1	Hofwagen (6achs.)	1894	Rat	1
2	Hofwagen (3achs.)	1888	Ga	1
3	Salonwagen I. Kl. (Abteilwagen)	1869		3
4	Salonwagen I. Kl. (Abteilwagen)	1874	S&M/Kar	1
5	Salonwagen I. Kl. (Abteilwagen)	1874	S&M	1
6	Salonwagen I. Kl. (Abteilwagen)	1874	S&M	1
7	Salonwagen I. Kl. (Abteilwagen)	1874	S&M	1
8	Salonwagen I. Kl. (Abteilwagen)	1895/96	Hw	3
9	Salonwagen I./II. Kl. (Abteilwagen)	1863	Hw	1
10	Salonwagen I./II. Kl. (Abteilwagen)	1874	S&M	2
11	Salonwagen I./II. Kl. (Abteilwagen)	1869	S&M	1
12	Abteilwagen AB^3	1856	S&M	2
13	Abteilwagen AB	1862–74	S&M SIG Hw Rei	125
14	Abteilwagen AB	1861–73	Rei S&M Ber	32
15	Abteilwagen AB	1861	S&M	3
16	Abteilwagen AB	1864–73	S&M	34
17	Abteilwagen AB	1862–67	S&M	16
18	Abteilwagen AB	1889/90	S&M	29
19	Abteilwagen AB	1891	S&M	10
20	Abteilwagen AB	1885/86	S&M	20
21	Abteilwagen AB	1895–97	S&M Rat	11
21a	Abteilwagen AB^3	1902	MAN	5
22	Abteilwagen ABB	1893	Z&C	5
23	Abteilwagen ABB	1893	Z&C	5
24	Abteilwagen ABC	1860	S&M	3
25	Abteilwagen B	1860	S&M	2
26	Abteilwagen B	1861	S&M	2
27	Abteilwagen B	1863	Hw	1
28	Abteilwagen B	1863–69	S&M	26
29	Abteilwagen B	1866	S&M	10
30	Abteilwagen B	1861–72	S&M	9
31	Abteilwagen BC	1859	S&M	2
32	Abteilwagen BC	1859–62	Hw S&M	6
33	Abteilwagen BC	1861	S&M	2
34	Abteilwagen BC	1863	S&M	1
35	Abteilwagen BC	1860	S&M	4
37	Abteilwagen C	1860–69	S&M Hw Kar Fu Rei	147
38	Abteilwagen C	1860–74	S&M SIG Rei Kar Fu	55
39	Abteilwagen C	1871–74	S&M Kar Fu SIG	47
40	Abteilwagen C	1860/61	S&M Rei	4
41	Abteilwagen C	1860/61	S&M Rei	9
42	Abteilwagen C	1860–69	Hw S&M Fu SIG Rei	159
43	Abteilwagen C	1863–72	SIG S&M Kar Rei	21
44	Abteilwagen C	1862–73	S&M Kar Rei SIG	62
45	Abteilwagen C	1867	S&M	1
46	Abteilwagen C	1860–73	SIG S&M	20
47	Abteilwagen C	1867–71	S&M SIG	12
48	Abteilwagen C	1863	Hw	1
49	Abteilwagen C	1861–74	S&M Hw Rei Ber SIG	26
50	Abteilwagen C	1878	S&M	5
51	Abteilwagen C	1862–73	S&M	12
52	Abteilwagen C	1863–75	Hw S&M	3

9. Personen- und Gepäckwagen – Bestandsübersicht am 1. 10. 1903 (Fortsetzung)

Gruppe	Benennung	Baujahre	Erbauer	Anzahl
53	Abteilwagen C	1869	S&M	4
54	Abteilwagen C	1891	Fu	20
55	Abteilwagen C	1895–97	Hw S&M	26
55a	Abteilwagen C^3	1902	MAN	5
56	Abteilwagen CC	1893	Z&C	4
57	Abteilwagen CC	1898	MAN	6
58	Abteilwagen CPost	1862–65	Hw Fu	4
59	Wagen für Gefangene GF	1859	S&M	2
60	Wagen für Gefangene GF	1871	S&M	1
61	Wagen für Gefangene und Geisteskranke	1865	S&M	2
62	Salonwagen I. Kl. AAü	1902	Rat	6
63	Durchgangswagen ABi	1879	S&M	6
64	Durchgangswagen ABi	1878	S&M	2
65	Durchgangswagen ABi	1876	S&M	6
66	Durchgangswagen ABi	1881–83	S&M	8
67	Durchgangswagen ABi	1879	S&M	7
68	Durchgangswagen ABi	1892	S&M	1
69	Durchgangswagen ABi	1885–89	S&M	12
71	Durchgangswagen ABi	1893	Wey	6
72	Durchgangswagen ABi	1898	S&M	10
73	Durchgangswagen ABBi	1896	Met	6
74	Durchgangswagen ABBi	1899/1900	S&M	22
74a	Durchgangswagen ABBi	1903	S&M	24
75	Durchgangswagen für D-Züge ABBü	1894	Met	4
77	Durchgangswagen für D-Züge ABBü	1896–98	Güs S&M	15
78	Durchgangswagen für D-Züge ABBü	1899/1900	S&M	15
79	Durchgangswagen für D-Züge ABBü	1901	S&M	15
79a	Durchgangswagen ABCCi	1902	Fu	10
79b	Speisewagen	(1903)	Güs S&M	3
80	Aussichtswagen A	1887	S&M	2
81	Durchgangswagen Bi	1887	S&M	3
82	Durchgangswagen Bi	1888	S&M	4
83	Durchgangswagen Bi	1873/74	SIG	4
84	Durchgangswagen Bi	1876	S&M	10
85	Durchgangswagen Bi	1881–83	S&M	7
85a	Durchgangswagen Bi	1902	Ga	10
85b	Durchgangswagen Bi (Sommerwagen)	1876	S&M	3
86	Durchgangswagen BCi	1887	S&M	3
87	Durchgangswagen BCi	1889/90	S&M	5
88	Durchgangswagen BCi	1880	S&M	2
89	Durchgangswagen BCi	1880	S&M	1
90	Durchgangswagen BCi	1881	S&M	7
91	Durchgangswagen BCi	1895	S&M	3
92	Durchgangswagen BCi	1892	S&M	1
93	Durchgangswagen BCCi	1866	S&M	2
94	Durchgangswagen Ci	1887	S&M	3
95	Durchgangswagen Ci	1888	S&M	4
96	Durchgangswagen Ci	1888	S&M	5
97	Durchgangswagen Ci	1886–90	S&M Fu	60
98	Durchgangswagen Ci	1881–83	S&M Fu	14
99	Durchgangswagen Ci	1881	Fu S&M	18
100	Durchgangswagen Ci	1873	SIG	16

9. Personen- und Gepäckwagen – Bestandsübersicht am 1. 10. 1903 (Fortsetzung)

Gruppe	Benennung	Baujahre	Erbauer	Anzahl
101	Durchgangswagen Ci	1878–90	S&M Fu	38
102	Durchgangswagen Ci	1878	S&M	1
103	Durchgangswagen Ci	1875–79	S&M	29
104	Durchgangswagen Ci	1879	S&M	1
105	Durchgangswagen Ci	1893–99	S&M	106
106	Durchgangswagen Ci	1893	Fu	19
107	Durchgangswagen Ci	1898	Fu S&M	30
108	Durchgangswagen Ci	1901	S&M Fu Ras Kel	100
109	Durchgangswagen CCi	1897	Fu	6
110	Durchgangswagen CCi	1899/1900	Fu S&M Ras	34
110a	Durchgangswagen CCi	1902/03	Fu Ras	34
111	Durchgangswagen für D-Züge CCü	1899	Ras	6
111a	Durchgangswagen für D-Züge CCü	1903	Fu	9
112	Durchgangswagen für Lokalzüge Ci	1886–89	Fu Lu Ga	15
113	Durchgangswagen für Lokalzüge Ci	1893–96	Hw Fu	7
114	Durchgangswagen für Lokalzüge CP Post	1880	S&M	1
115	Durchgangswagen für Lokalzüge CP	1880	S&M	1
116	Durchgangswagen für Lokalzüge CP (mit Zollabt.)	1880	S&M	1
117	Durchgangswagen für Lokalzüge CP	1886	SIG	2
118	Durchgangswagen für Lokalzüge CP	1887	Ga	8
119	Durchgangswagen für Lokalzüge CP	1896	Hw	5
120	Durchgangswagen für Lokalzüge CP	1893	Fu	3
122	Versuchswagen	1893	Fu	1
123	Gepäckwagen (gewöhnliche) P	1863–83	Fu Hw S&M Kar	131
124	Gepäckwagen (gewöhnliche) P	1864–68	S&M	3
125	Gepäckwagen (mit Dampfkessel)	1872/73	Fu	3
126	Gepäckwagen P Post	1863–73	Hw Fu Kar S&M	13
127	Gepäckwagen Pi	1887/88	S&M	4
128	Gepäckwagen Pi Post	1863–65	Fu Hw Kar S&M	14
129	Gepäckwagen Pi	1863	Kar S&M	2
130	Gepäckwagen (große) P	1887–90	Fu	18
131	Gepäckwagen (große) P	1891	Fu	10
132	Gepäckwagen (große) P	1894–96	Hw S&M	21
133	Gepäckwagen (große) P	1897–02	S&M Ras	57
133a	Gepäckwagen Pü	1902	S&M	15
133b	Gepäckwagen Pü	1903	S&M Ras	16
133c	Motorwagen Serpollet	1902	ME	1
133d	Elektr. Speicherwagen	1903	EAG Nürnberg/Ras	1
134	Fürstl. Fürstenberg'scher Salonwagen (6achs.)	1900	Gör	1

Für die Wagenbaufirmen verwendete Abkürzungen:

Ber	Eisenbahn-Betriebsmittel-AG, Berlin
Fu	Fuchs, Heidelberg
Ga	Gastell, Mainz-Mombach
Gör	Waggon- und Maschinenbau-AG, Görlitz
Güs	Mecklenburgische Waggonfabrik Güstrow
Hw	Hauptwerkstätte Karlsruhe
Kar	Maschinenbau-Gesellschaft Karlsruhe
Kel	Süddeutsche Waggonfabrik Kelsterbach
Lu	Waggonfabrik Ludwigshafen
MAN	Maschinenbau-AG Nürnberg (1908 Maschinenfabrik Augsburg-Nürnberg)
Met	La Métallurgique, Brüssel
Ras	Waggonfabrik Rastatt
Rat	Rathgeber, München
Rei	Reifert, Bockenheim
SIG	Schweizerische Industrie-Gesellschaft, Neuhausen
S&M	Schmieder & Mayer, Karlsruhe
Wey	Weyer, Düsseldorf
Z&C	Van der Zypen & Charlier, Köln-Deutz

10. Personen- und Gepäckwagen – Bestandsübersicht am 31. 12. 1913

Wagengattung		Anzahl 2 achsiger Wagen	3	4	6
Personenwagen					
Hofwagen		—	1	—	1
Salonwagen	I. Klasse ohne Abort	2	—	—	—
Salonwagen	I. Klasse mit Abort	4	—	—	—
Salonwagen	I./II. Klasse mit Abort	1	—	—	—
Abteilwagen	I./II. Klasse AB³ mit Abort	—	33	—	—
Abteilwagen	I./II. Klasse ABB mit Abort	—	—	10	—
Abteilwagen	II. Klasse B mit Abort	70	—	—	—
Abteilwagen	II./III. Klasse BC³ mit Abort	—	25	—	—
Abteilwagen	III. Klasse C ohne Abort	709	—	—	—
Abteilwagen	III. Klasse C mit Abort	46	—	—	—
Abteilwagen	III. Klasse C³ mit Abort	—	278	—	—
Abteilwagen	III. Klasse CC mit Abort	—	—	10	—
Abteilwagen	III. Klasse mit Posteinrichtung C Post ohne Abort	3	—	—	—
Wagen für Gefangene (Schubwagen) GF		6	—	—	—
Durchgangswagen	I. Klasse AAü (Salonwagen) mit Abort	—	—	6	—
Durchgangswagen	I./II. Klasse ABi mit Abort	16	—	—	—
Durchgangswagen	I./II. Klasse ABi³ mit Abort	—	4	—	—
Durchgangswagen	I./II. Klasse ABBi mit Abort	—	—	51	—
Durchgangswagen	I./II. Klasse ABBü mit Abort	—	—	56	10
Durchgangswagen	I./II./III. Klasse ABCCi mit Abort	—	—	10	—
Durchgangswagen	I./II./III. Klasse ABCCü mit Abort	—	—	23	—
Speisewagen		—	—	3	—
Durchgangswagen	II. Klasse Bi ohne Abort	23	—	—	—
Durchgangswagen	II. Klasse Bi mit Abort	59	—	—	—
Durchgangswagen	II./III. Klasse BCi ohne Abort	19	—	—	—
Durchgangswagen	II./III. Klasse BCi mit Abort	20	—	—	—
Durchgangswagen	II./III. Klasse BCCi mit Abort	—	—	1	—
Durchgangswagen	III. Klasse Ci ohne Abort	317	—	—	—
Durchgangswagen	III. Klasse Ci mit Abort	292	—	—	—
Durchgangswagen	III. Klasse CCi mit Abort	—	—	73	—
Durchgangswagen	III. Klasse CCü mit Abort	—	—	86	—
Durchgangswagen	III. Klasse Ci ohne Abort, für Vorortzüge	20	—	—	—
Durchgangswagen	III. Klasse CiP Post ohne Abort, mit Gepäck- und Postabteilung für Vorortzüge	1	—	—	—
Durchgangswagen	III. Klasse CiP ohne Abort, mit Gepäckabteilung für Vorortzüge	22	—	—	—
Versuchswagen	III. Klasse	1	—	—	—
Arztwagen		—	5	—	—
	Personenwagen	1 631	346	329	11
		2 317 Wagen			
Gepäckwagen					
Gepäckwagen, kleine P		91	—	—	—
Gepäckwagen, große P		154	—	—	—
Gepäckwagen für Schnellzüge P³		—	68	—	—
Gepäckwagen für Schnellzüge Pi³		—	31	—	—
Gepäckwagen für Schnellzüge PPü		—	—	44	—
	Gepäckwagen	245	99	44	—
		388 Wagen			

11. Die Personen- und Gepäckwagen 1904 bis 1921

Wagen-Gattung	Gruppe	Baujahre	Stückzahl	Bemerkungen
Bi	85b	1912–15	37	
BCi	92a	1911–15	25	
Ci	94	1910	60	
Ci/Di	94a	1911–21	347	
AB^3i	72a	1904	4	
AB^3	21b	1905/06	13	
AB^3	21c	1910/13	15	
BC^3	34	1909–14	37	
C^3	55b	1907–21	396	
BCCi	93a	1905	1	Umbau 6607
ABBü	76	1907	7	
ABBü	76a	1908	10	sechsachsig
ABCCü	79b	1904	10	
ABCCü	79c	1906	6	
ABCCü	79d	1911–15	11	
CCü	111b	1907–14/21	101	
Hofsalonwagen	2	1918	1	sechsachsig
P	122	1911/13	49	
P	122a	1916–21	114	
P^3	133e	1909	68	
PPü	133c	1905	16	
PPü	133d	1906–16	46	
Gefangenenwagen	61a	1906/13	3	
Dampf-Triebwagen	121a	1914/15	8	

12. Verwaltungs- und Betriebsorganisation 1872 bis 1883 – Stand 1. 7. 1876

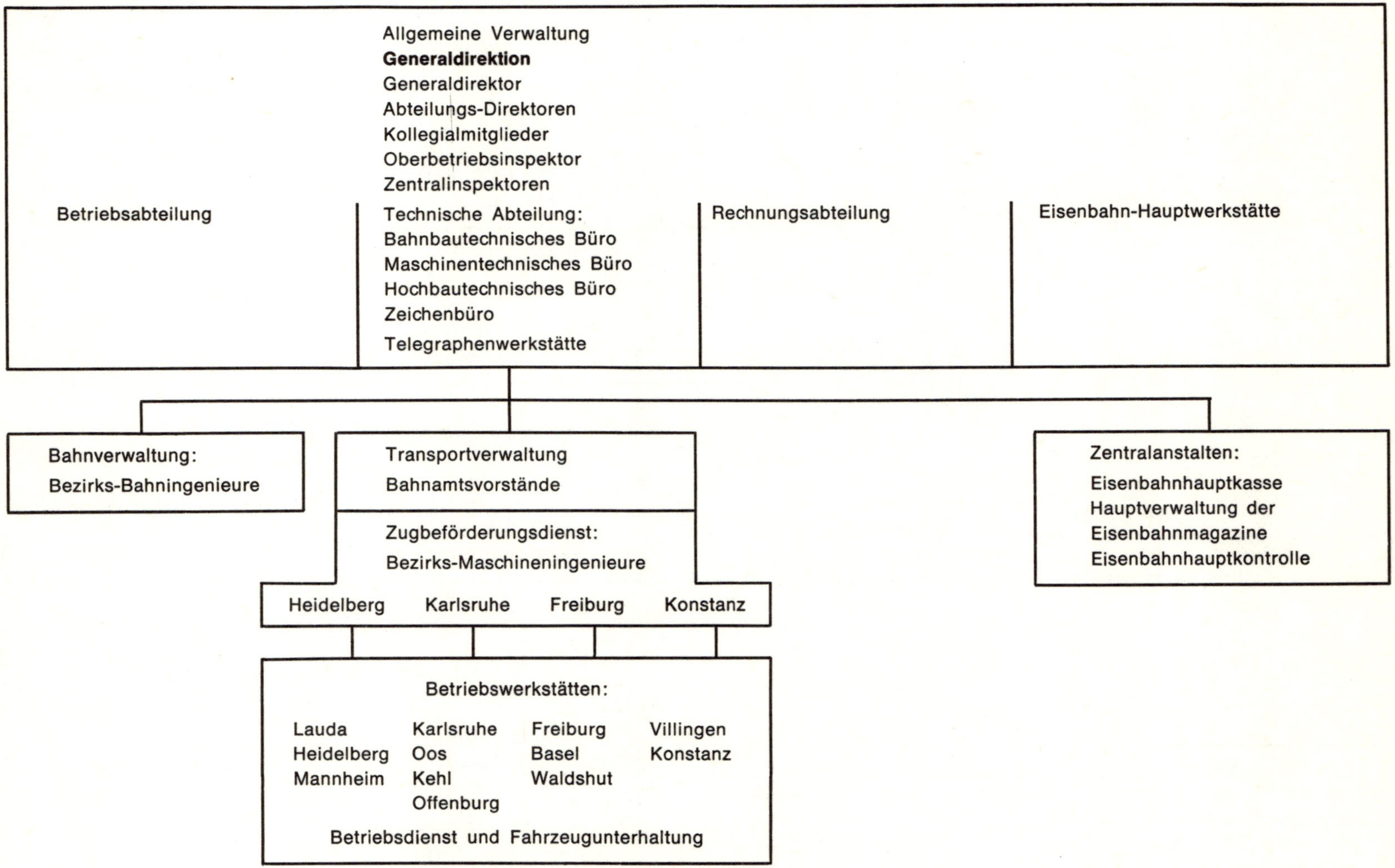

Zuständige oberste Aufsichtsbehörde: bis 1881 Großh. Handelsministerium
ab 1881 Großh. Ministerium der Finanzen

13. Verwaltungs- und Betriebsorganisation 1884 bis 1912 (Stand 1899)

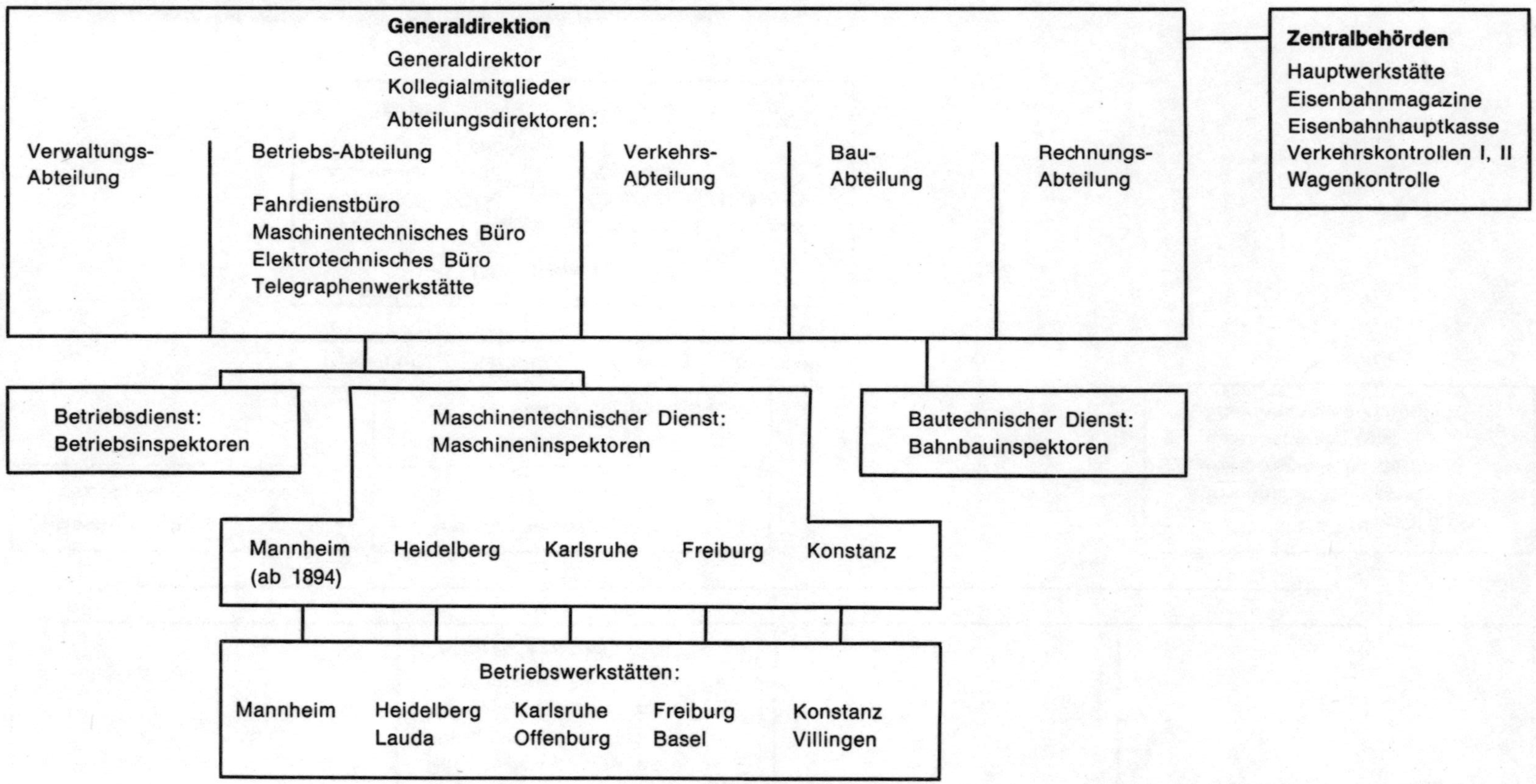

1902 sechste Maschineninspektion Offenburg

Zuständige oberste Aufsichtsbehörde:

Großh. Ministerium der Finanzen 1881–1893
Ministerium des Großh. Hauses und der auswärtigen Angelegenheiten 1893–1911

14. Verwaltungs- und Betriebsorganisation ab 1. 1. 1913

Großh. Ministerium der Finanzen
Eisenbahnabteilung

Generaldirektion der Staatseisenbahnen

A. Verwaltungsabteilung	1. Zentralbüro
B. Betriebsabteilung	2. Betriebsbüro
	3. Maschinentechnisches Büro
	4. Elektrotechnisches Büro
C. Verkehrsabteilung	5. Verkehrsbüro
D. Bauabteilung	6. Bahnunterhaltungsbüro
	7. Bahnbaubüro
	8. Brückenbaubüro
	9. Oberbau- und Stellwerkbüro
	10. Hochbaubüro
E. Rechnungsabteilung	11. Rechnungsbüro

Zentralanstalten	**Bezirksstellen**	**Ortsstellen**
Hauptwerkstätte	Betriebsinspektionen	Ämter und Meistereien,
Eisenbahnhauptkasse	Bahnbauinspektionen	z. B.:
Verkehrskontrolle I	Maschineninspektionen	Stationsämter
(Personenverkehr)	Werkstätteinspektionen	Bahnmeistereien
Verkehrskontrolle II	Maschinen- und Dampf-	Betriebswerkmeistereien
(Güterverkehr)	schiffahrtsinspektion Konstanz	Werkstätteämter
		Dampfschiffahrtsamt Konstanz

15. Organisation des Zugförderungs- und Werkstättendienstes ab 1 1. 1913

Maschinentechnischer Dienst		Werkstättendienst	
Maschineninspektion	Betriebswerkmeisterei	Werkstätteinspektion	Werkstätteamt
Mannheim	Mannheim Pbf Mannheim Rbf Heidelberg Lauda	Heidelberg	Mannheim Lauda
Karlsruhe	Karlsruhe Pbf Karlsruhe Rbf Bruchsal	Karlsruhe (Hauptwerkstätte)	Durlach
Offenburg	Offenburg Freiburg Pbf Freiburg Rbf Hausach Villingen	Offenburg	Freiburg Villingen
Basel	Basel Pbf Basel Rbf (1913: Haltingen) Waldshut		
Konstanz (Maschinen- und Dampfschiffahrts- Inspektion)	Konstanz Konstanz (Werfte) Radolfzell Singen		

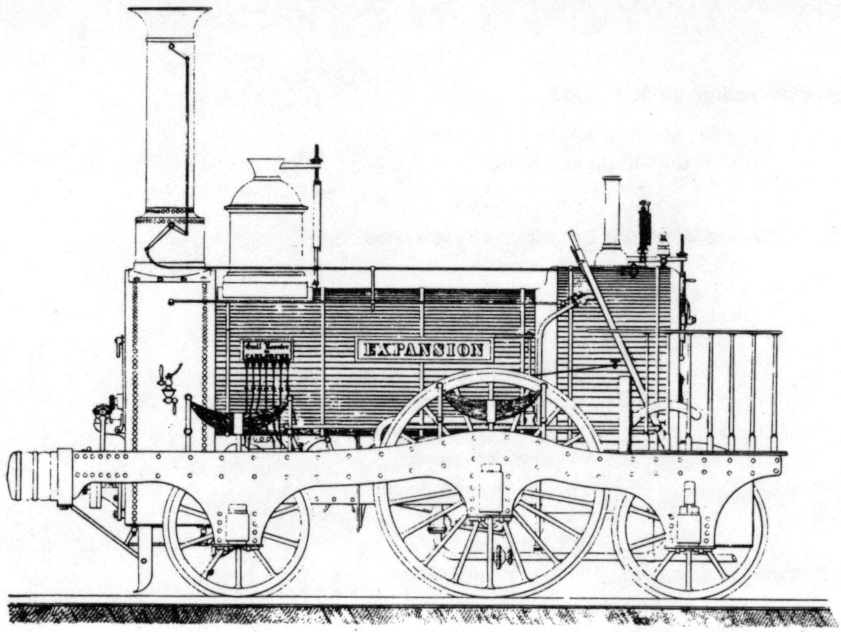

Skizze 1 1A1-Breitspurlok „Expansion", Gattung Ib, Kessler 1843

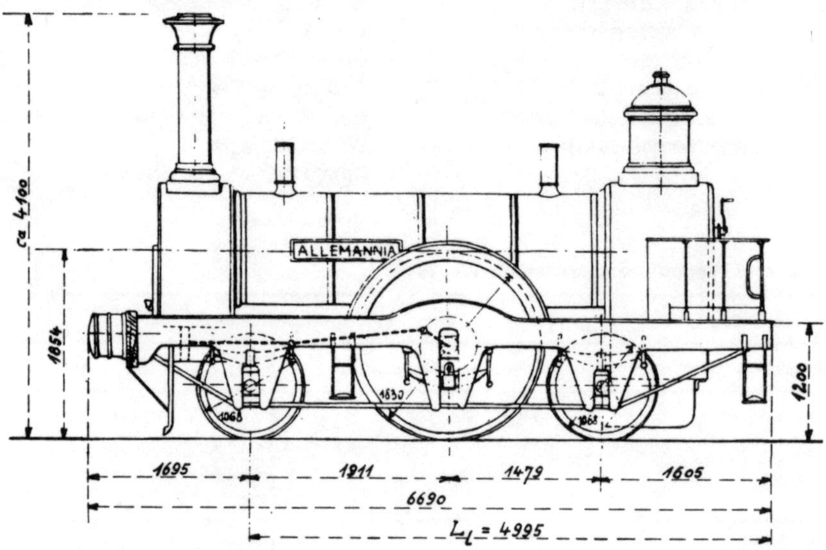

Skizze 2 1A1-Breitspurlok, Gattung IIIc, Kessler 1845

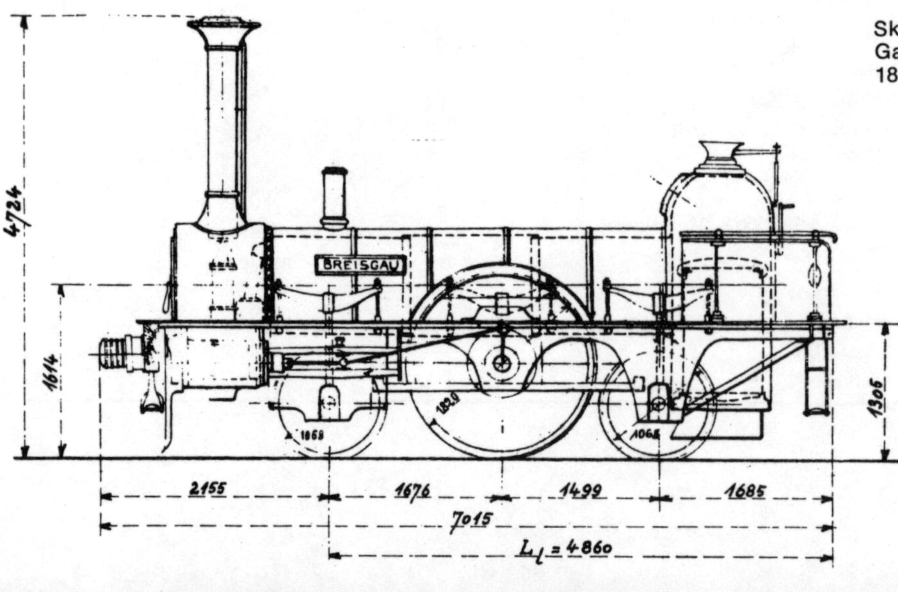

Skizze 3 1A1-Breitspurlok, Gattung IV, Stephenson 1845

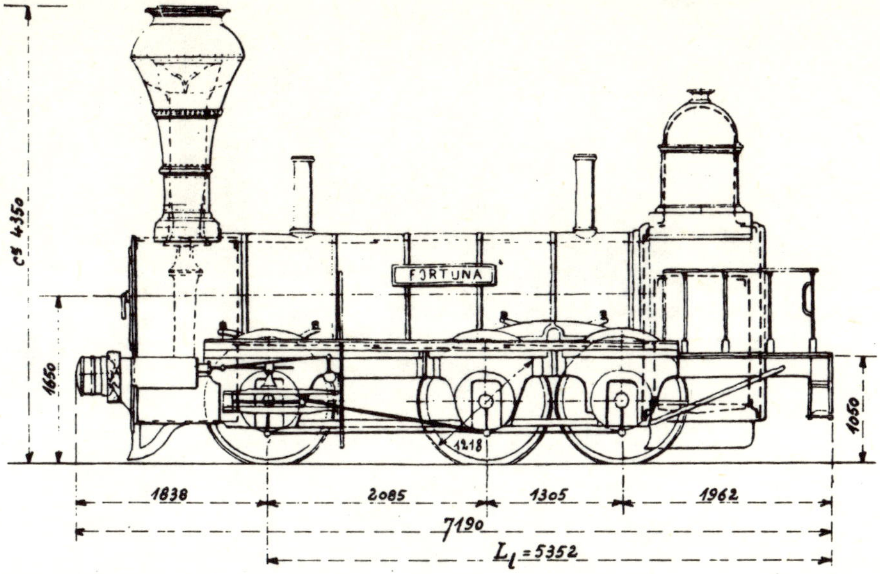

Skizze 4 C-Breitspurlok, Gattung VI, Kessler 1845

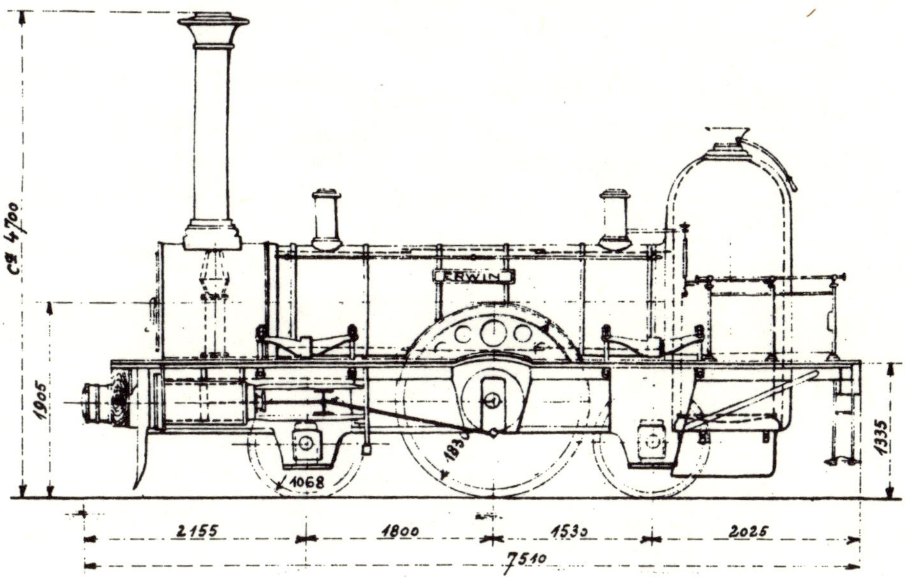

Skizze 5 1A1-Breitspurlok, Gattung VIII, Kessler 1847

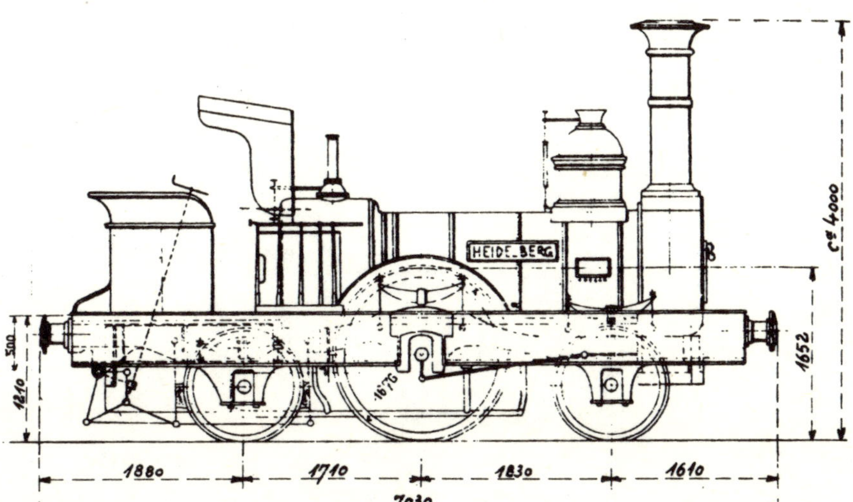

Skizze 6 Auf Normalspur umgebaute 1A1-Tenderlok, Gattung Ia

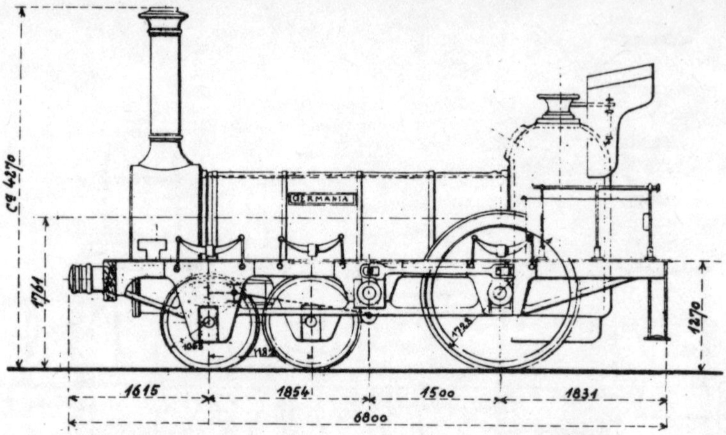

Skizze 7 Auf Normalspur umgebaute 2A-Lok mit Blindwelle, Gattung IIb

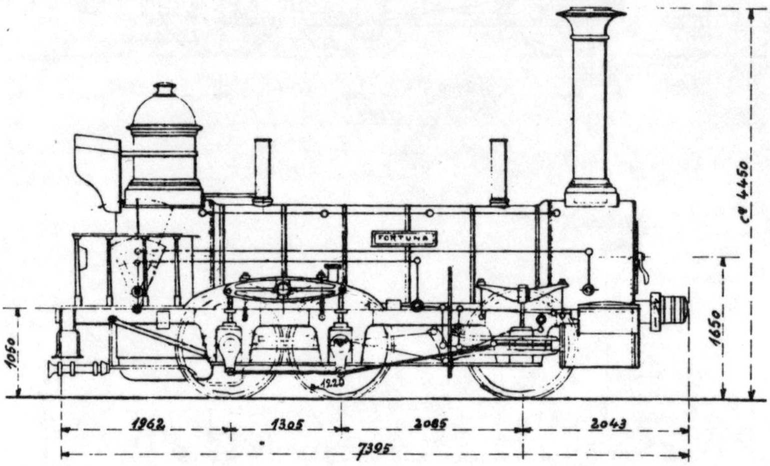

Skizze 8 Auf Normalspur umgebaute C-Lok, Gattung VI

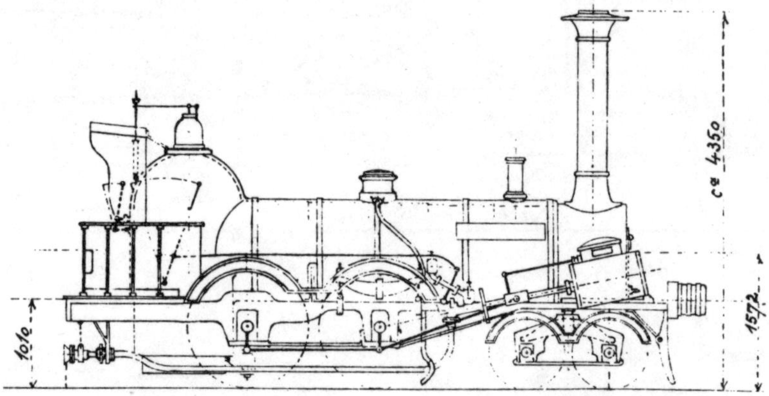

Skizze 9 Auf Normalspur umgebaute 2'B-Lok von Norris, Gattung VII

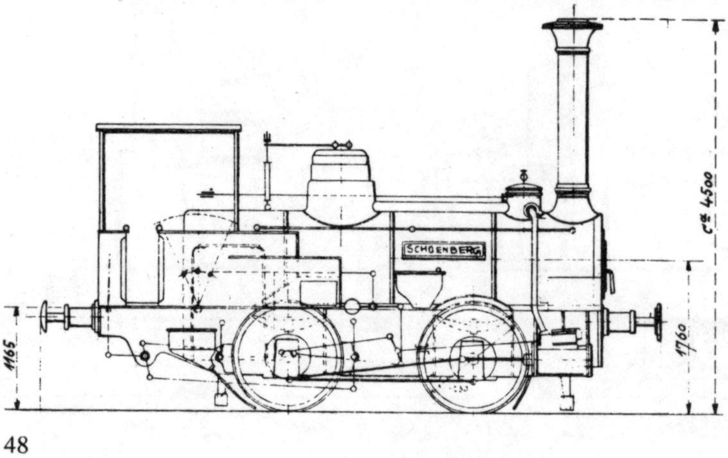

Skizze 10 B-n2-Tenderlok, Gattung Ia (alt XIII), 1866

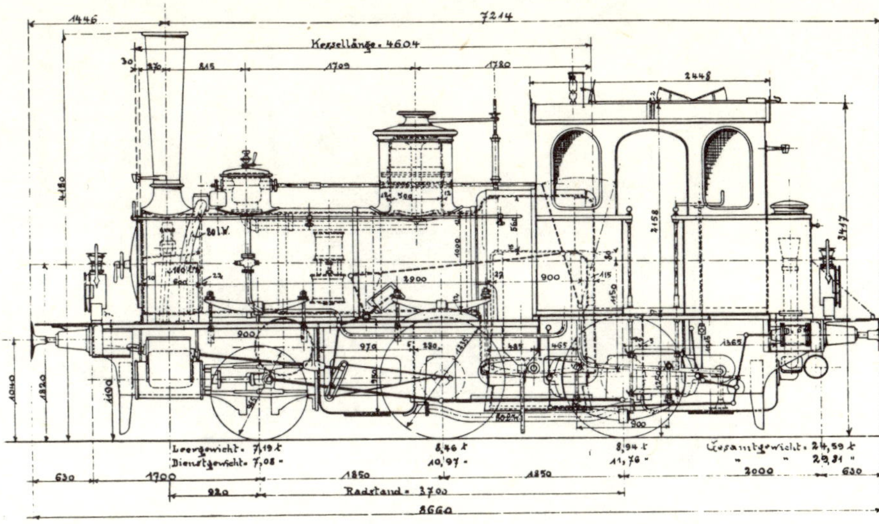

Skizze 11 1B-n2-Tenderlok, Gattung Ic, 1880

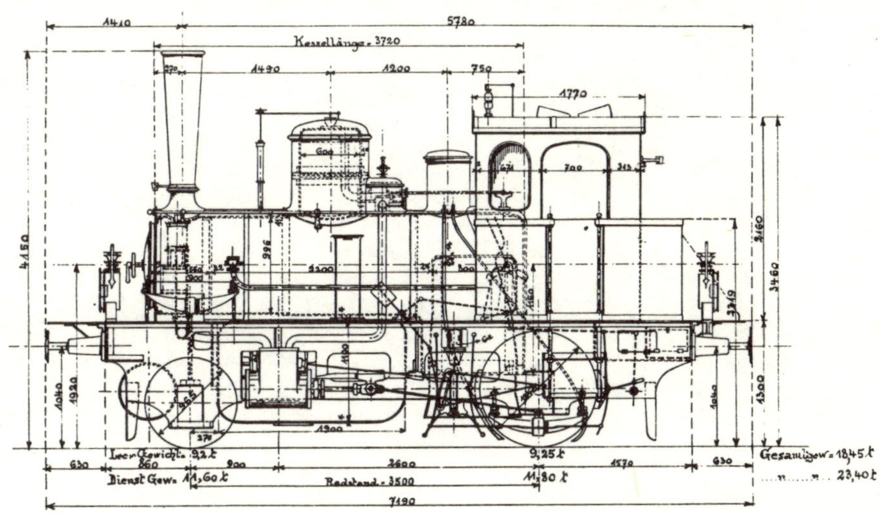

Skizze 12 1A-n2-Tenderlok, Gattung Id, 1882/85

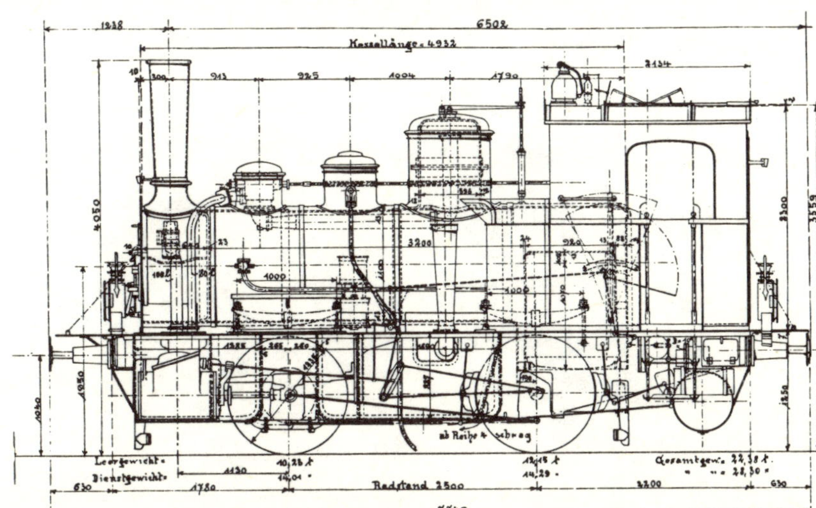

Skizze 13 B-n2-Tenderlok, Gattung Ie[1–4], 1887–90

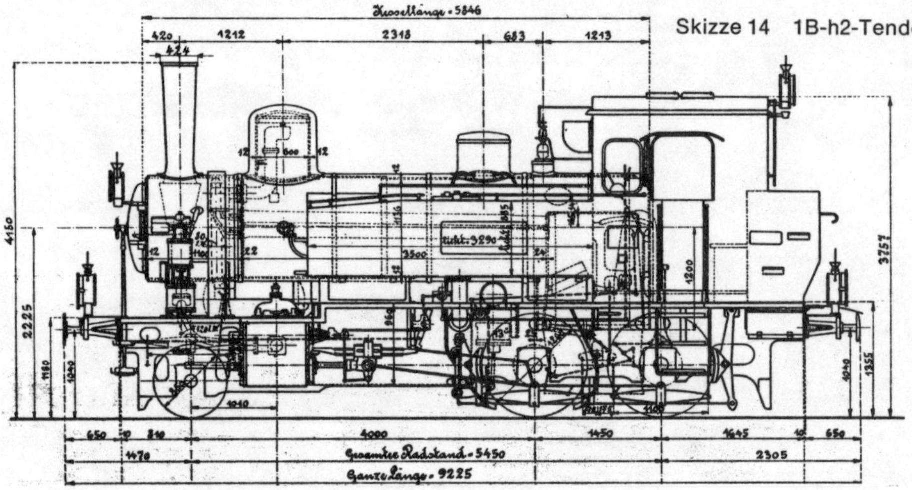

Skizze 14 1B-h2-Tenderlok, Gattung Ig[1],1914

Skizze 15 2A-Cramptonlok, Nrn. 83–90, Gattung II (alt IX), 1858/59

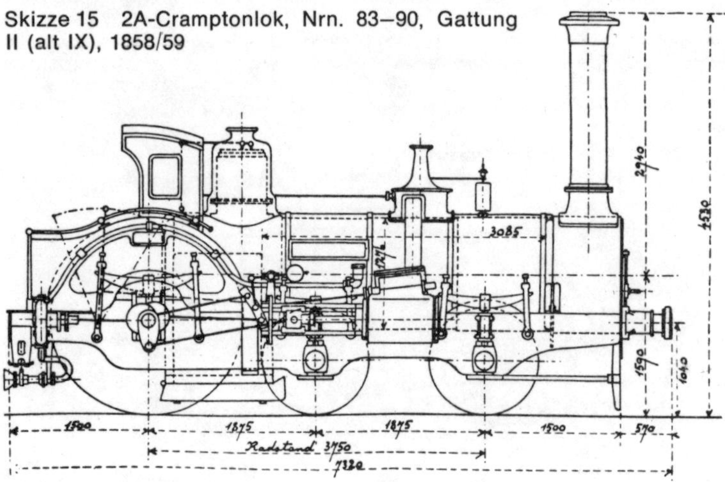

Rechte Seite von oben nach unten:

Skizze 17 2′B-n2-Schnellzuglok, Gattung IIb, 1891

Skizze 18 2′B-n2-Schnellzuglok mit Innenzylindern, Gattung IIc[1], 1892

Skizze 19 Gattung IIc[5] mit Windschneiden, 1900

Skizze 16 2′B-n2-Schnellzuglok, Gattung IIa, 1888–90

▼

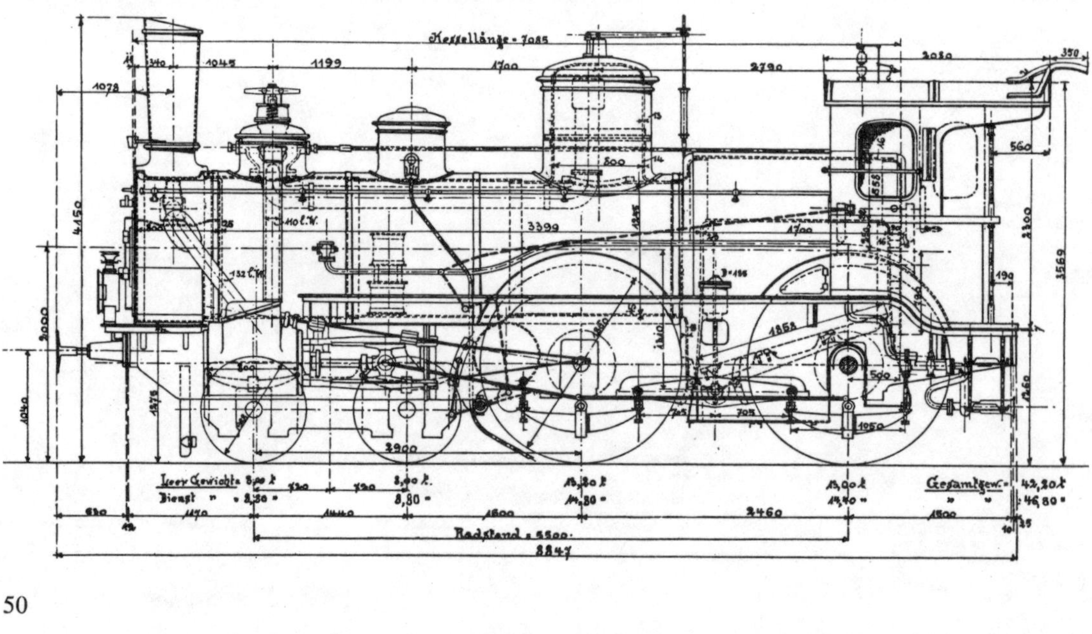

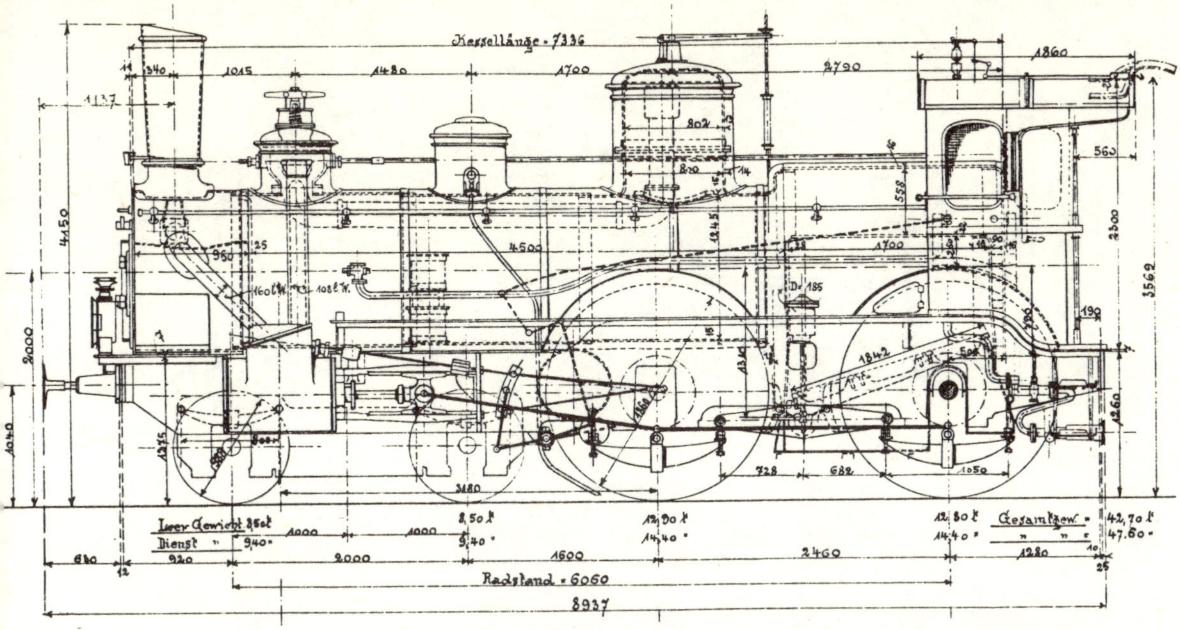
Kessellänge = 7336
Leer Gewicht
Dienst
Gesamtgew.
Radstand = 6060
8937

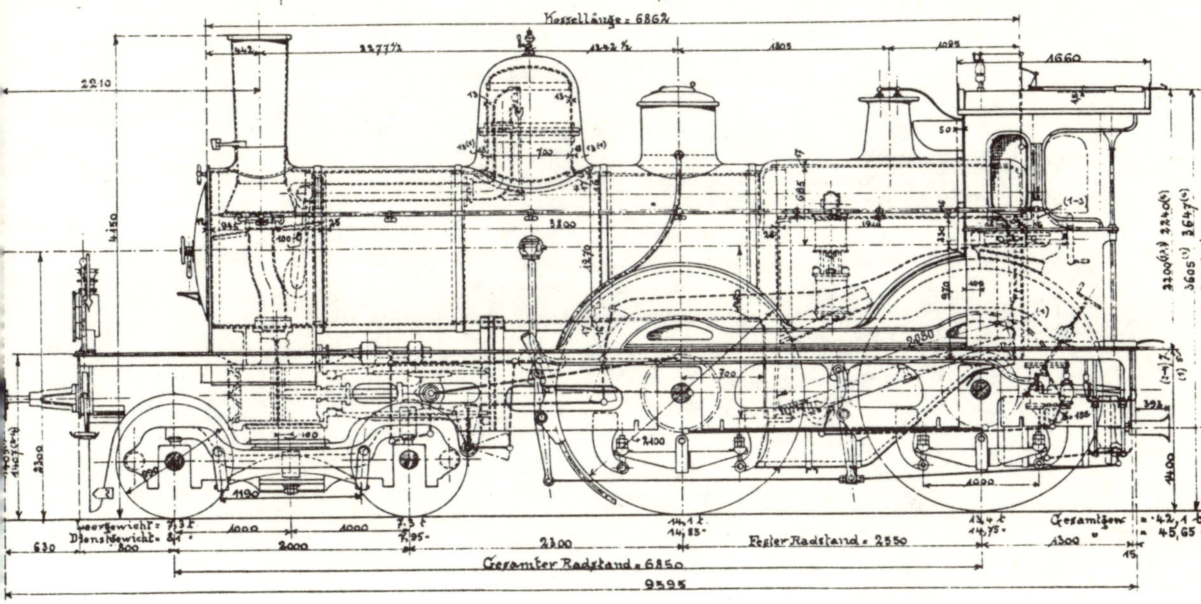
Kessellänge = 6862
Leergewicht
Dienstgewicht
Fester Radstand = 2550
Gesamtgew.
Gesamter Radstand = 6850
9595

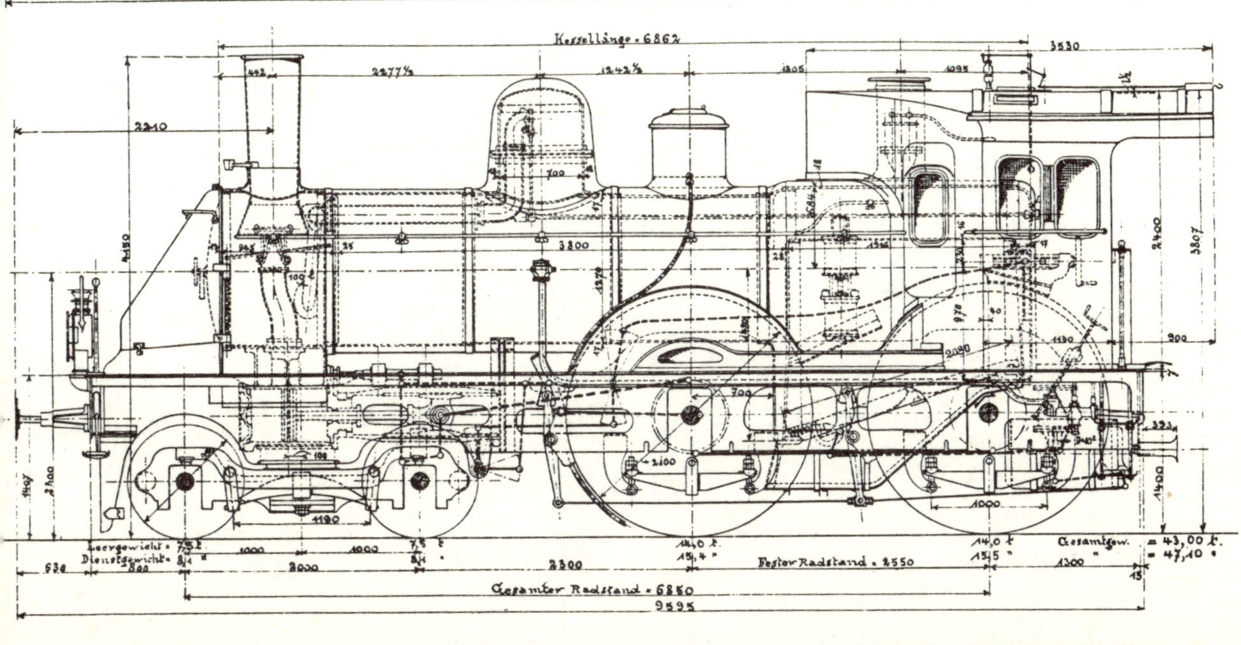
Kessellänge = 6862
Leergewicht
Dienstgewicht
Fester Radstand = 2550
Gesamtgew.
Gesamter Radstand = 6850
9595

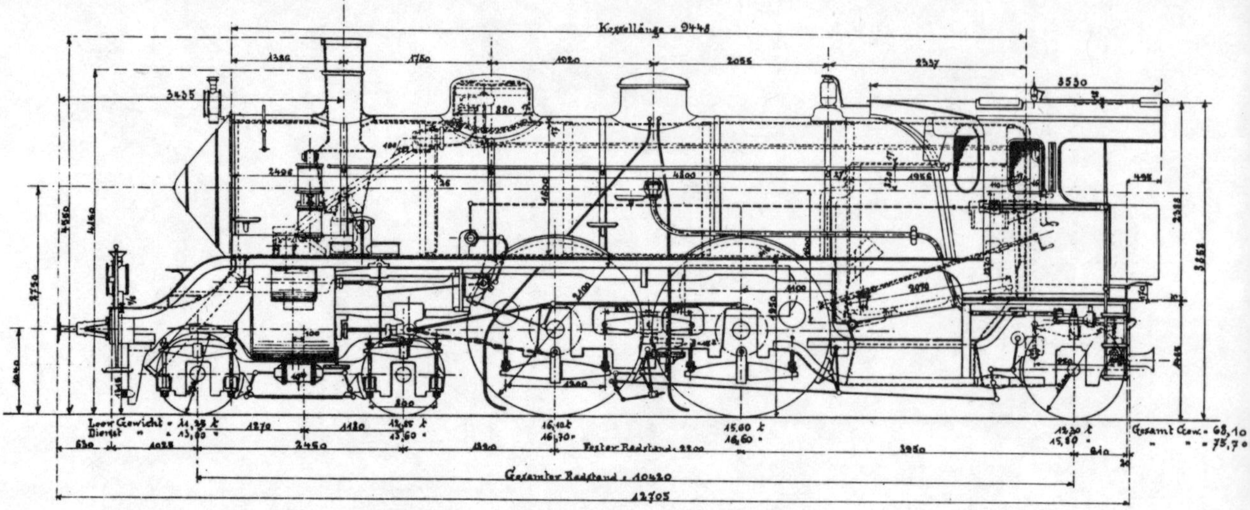

Skizze 20 2′B 1′-n4v-Schnellzuglok, Gattung IId[1], 1902 (Maffei)

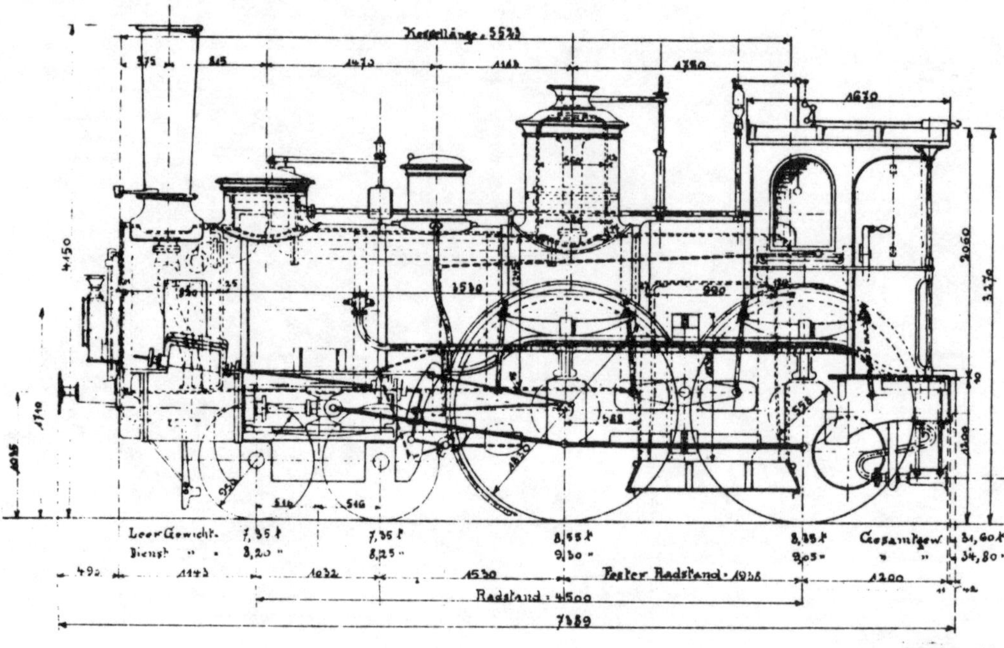

Skizze 21 2′B-n2-Lok, Gattung IIIa[9] (alt III), 1875, ursprüngl. Zustand

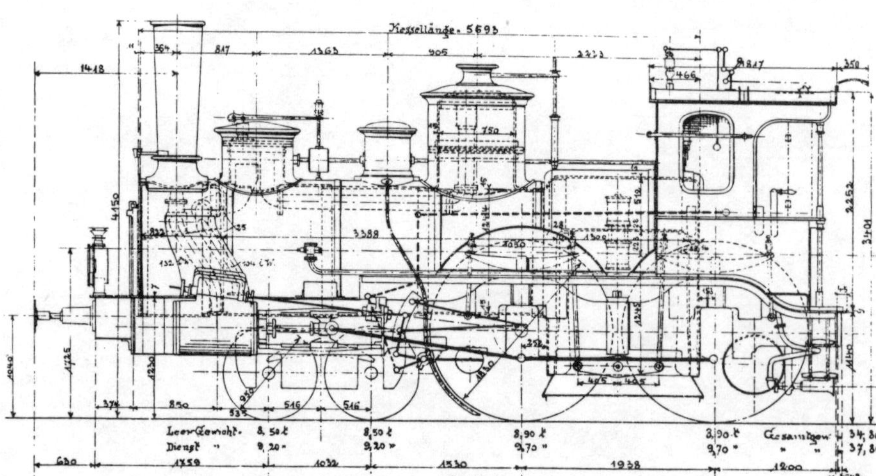

Skizze 22 2′B-n2-Lok, Gattung IIIb, Umbau aus III

Skizze 23 B-n2-Lok, Gattung IVa¹ (Grafenstaden), 1866/67 (alt XIV)

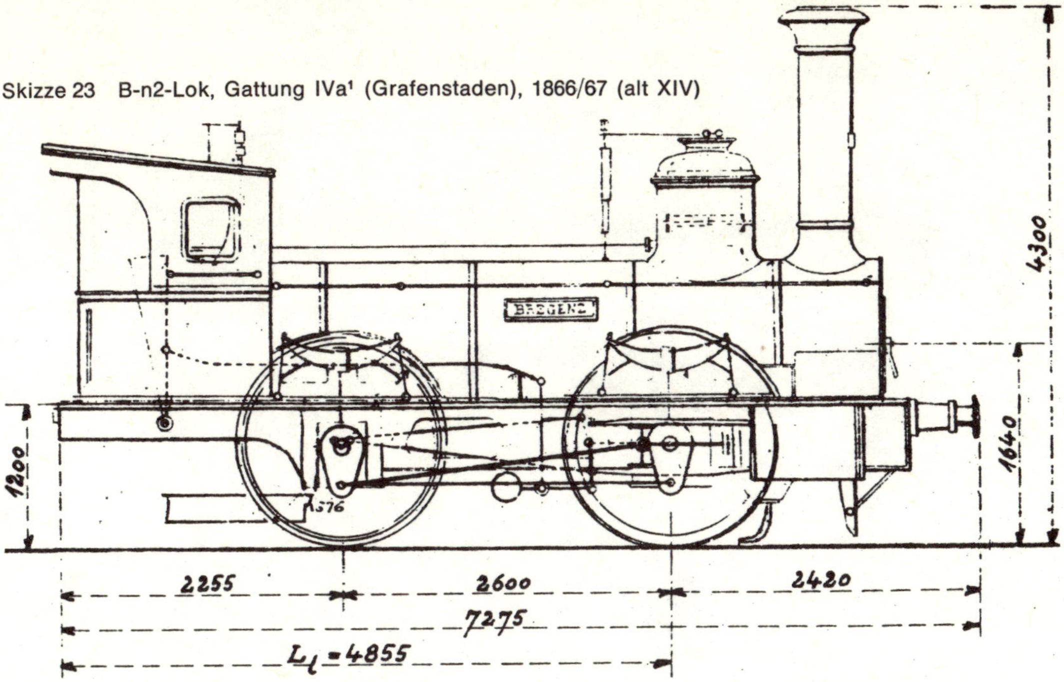

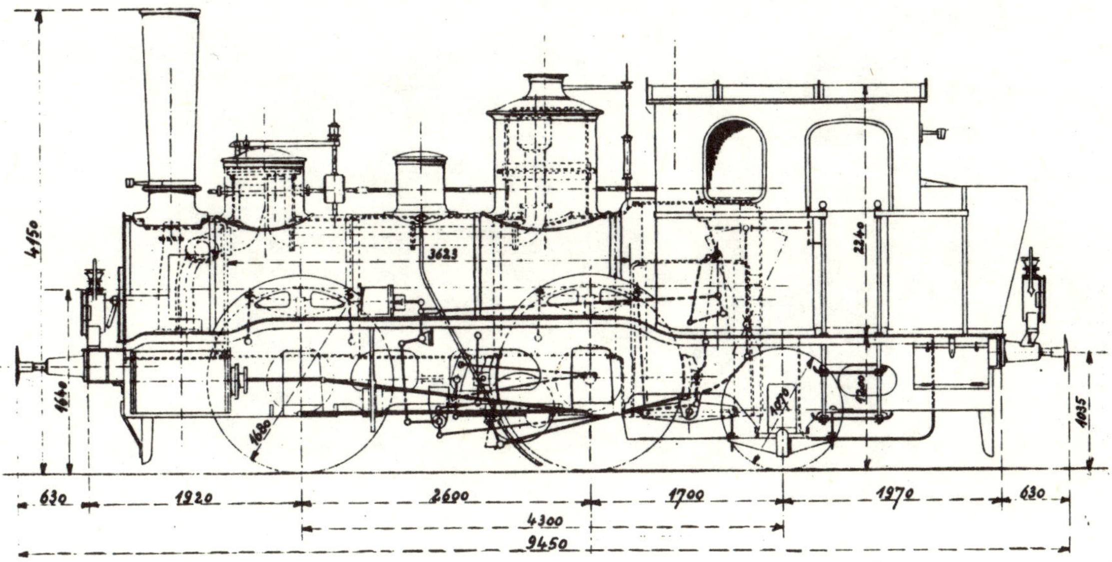

Skizze 24 B1-Umbau-Tenderlok, Gattung IVa³

Skizze 25 1B-Personenzuglok, Gattung IVb, 1873/74

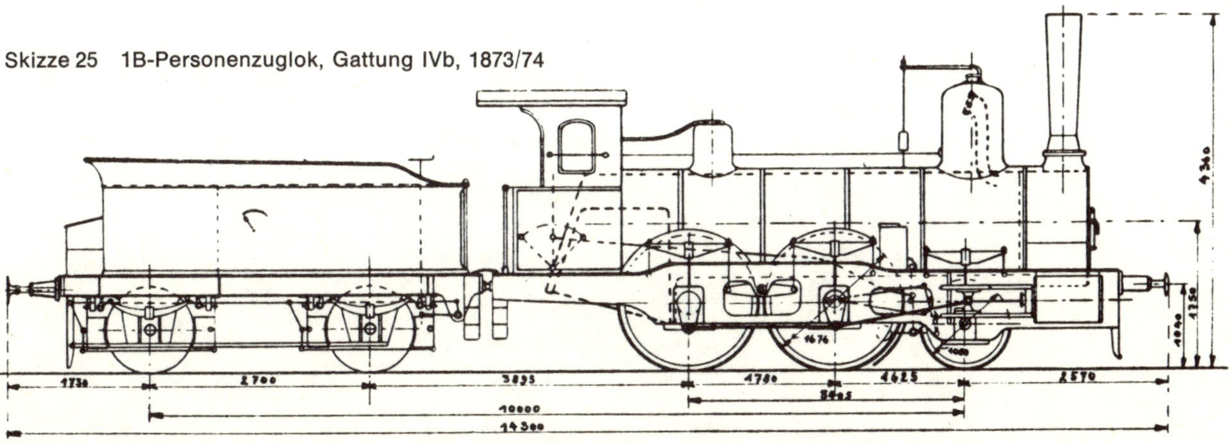

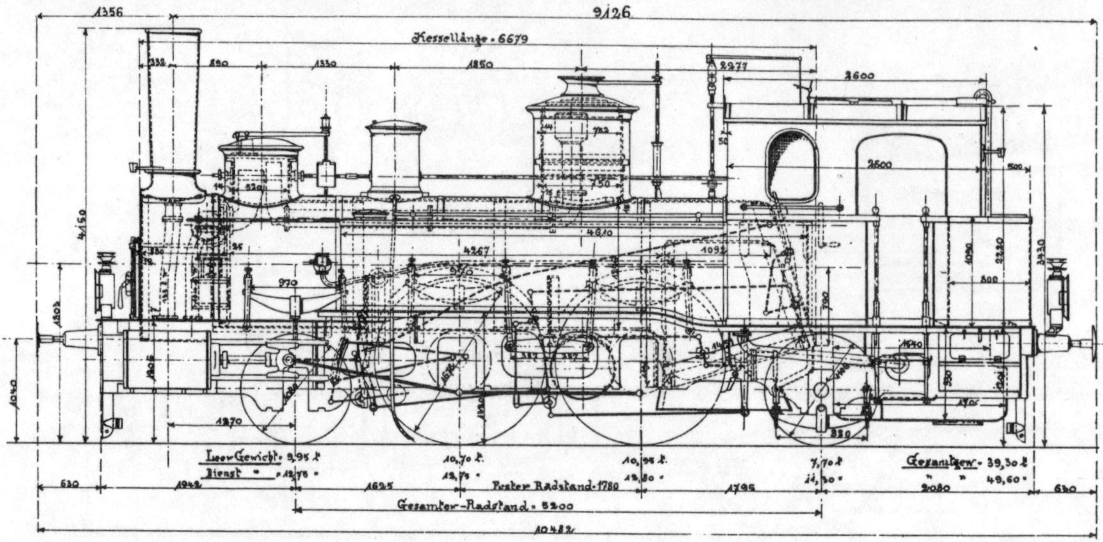

Skizze 26 1B1-Umbau-Tenderlok, Gattung IVb

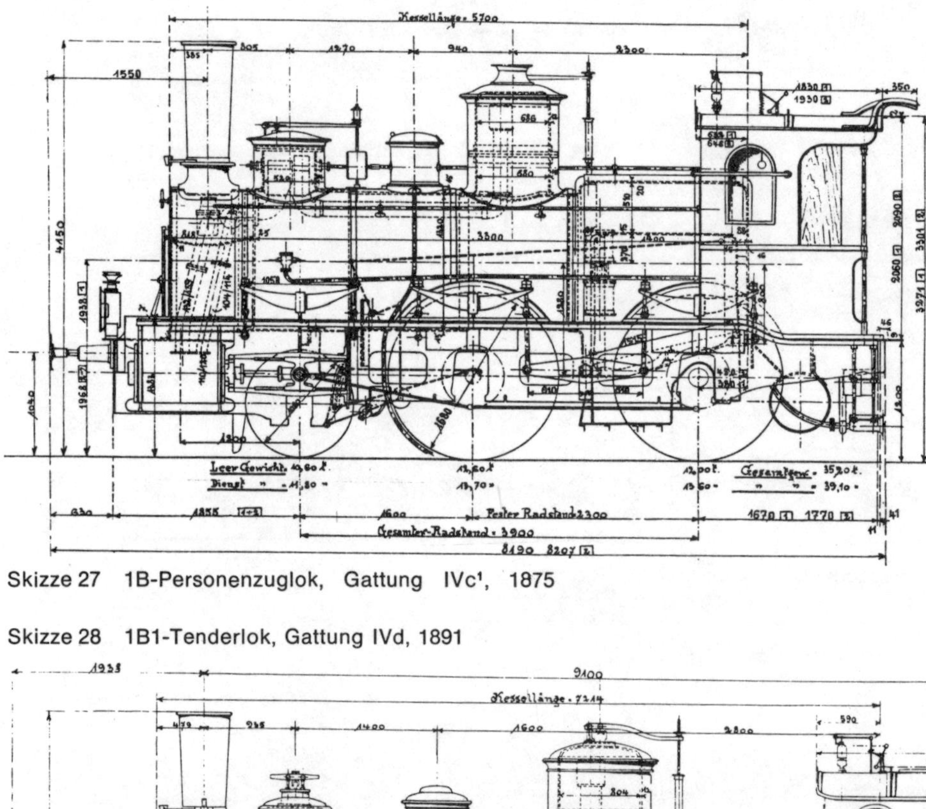

Skizze 27 1B-Personenzuglok, Gattung IVc¹, 1875

Skizze 28 1B1-Tenderlok, Gattung IVd, 1891

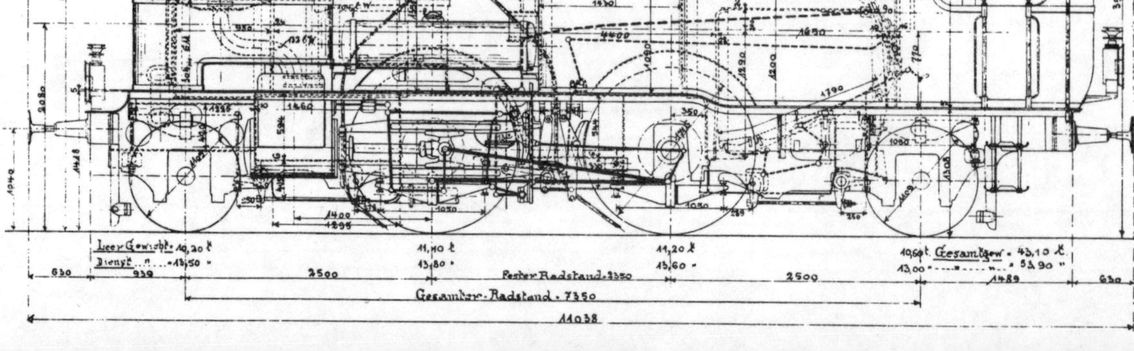

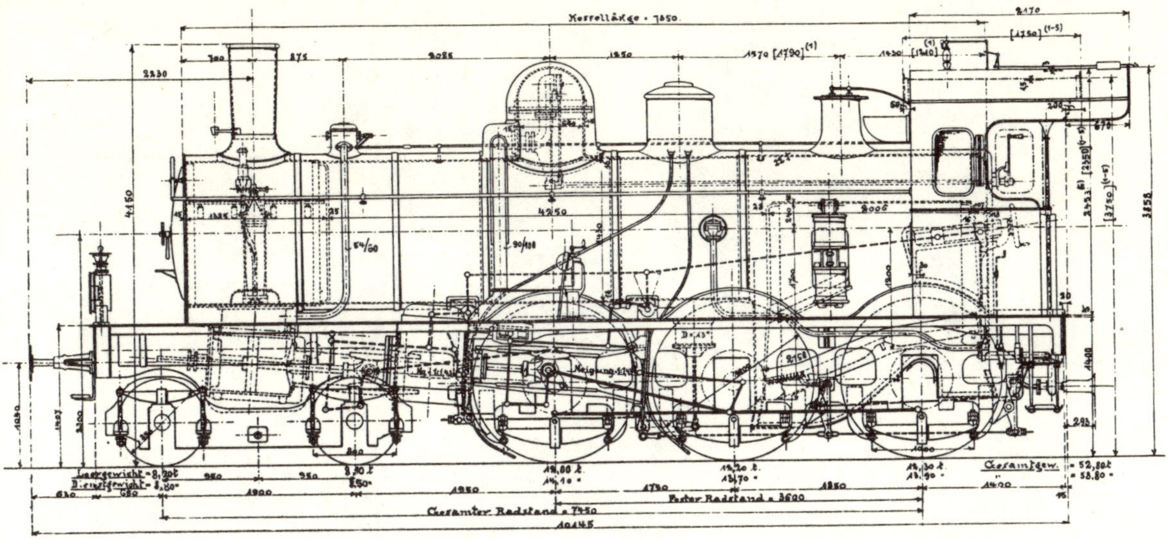

Skizze 29 2′C-n4v-„Schwarzwaldlok“, Gattung IVe[1–3], 1894/95

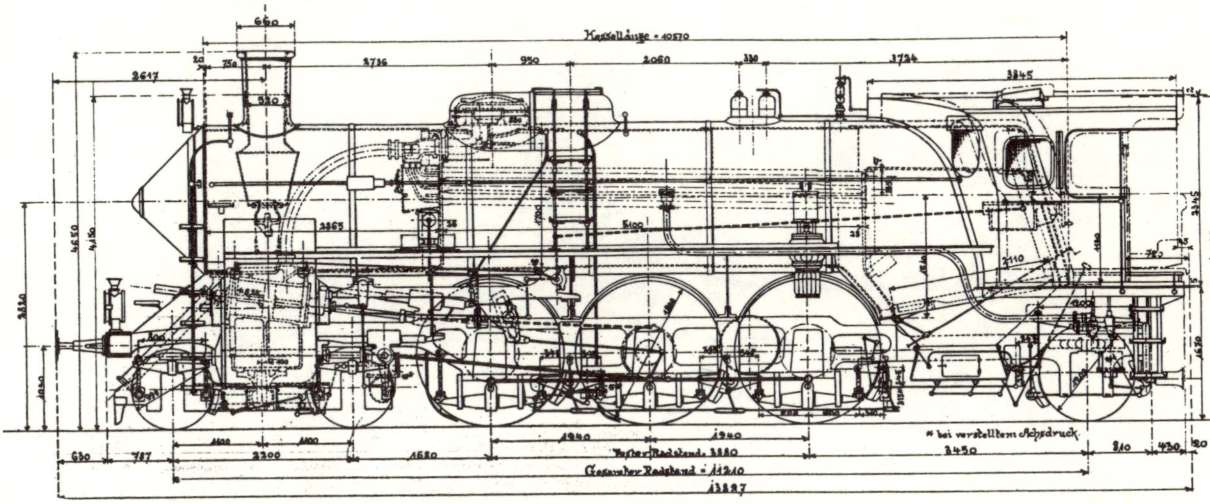

Skizze 30 2′C 1′-h4v-Schnellzuglok, Gattung IVf[1], 1907 (Maffei)

Skizze 31 1′C 1′-n4v-Personenzuglok, Gattung IVg, 1912

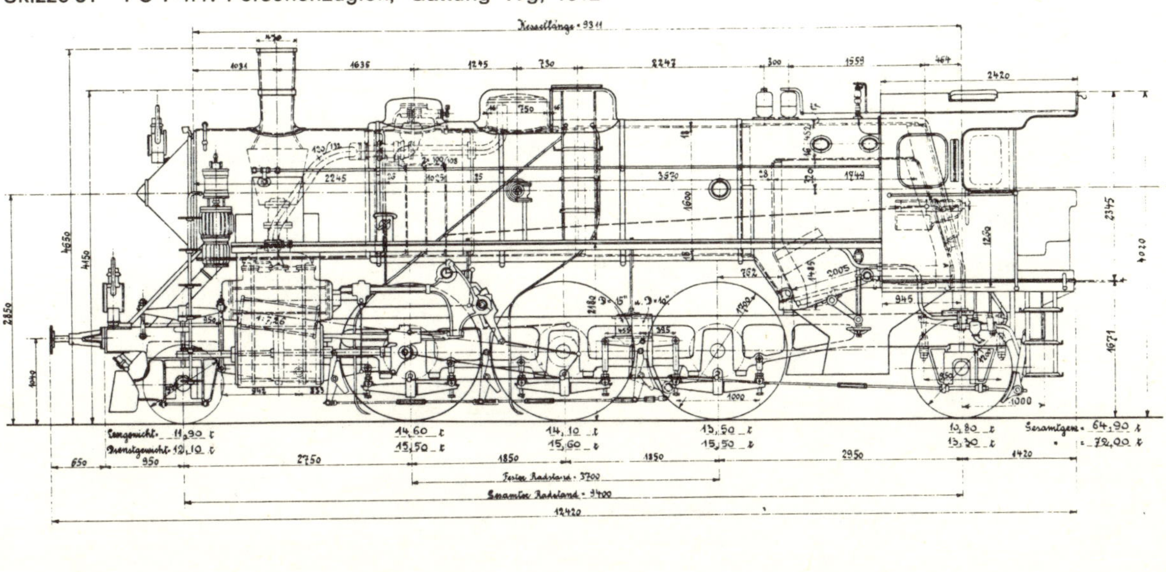

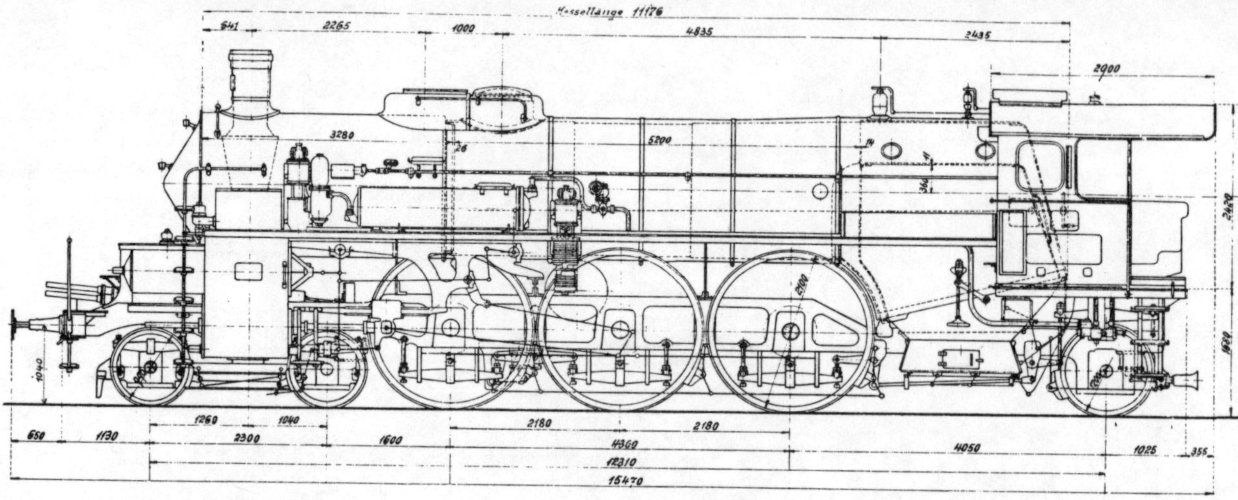

▲ Skizze 32 Schnellzuglok, IVh, 1918–20 2′C1′-h4v-Gattung

Skizze 33 1B-n2-Lok, Gattung Va (alt XI), 1860–63

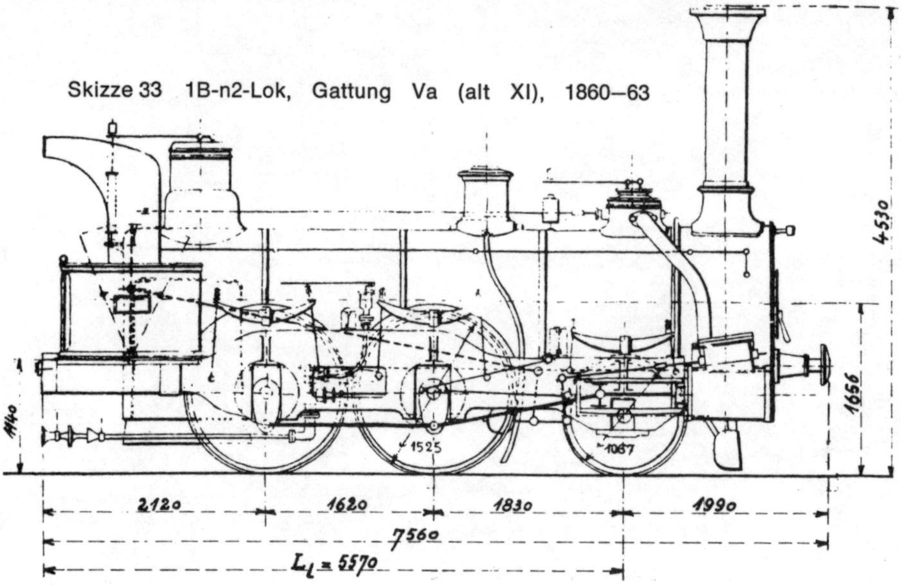

Skizze 34 1B-n2-Tender-lok, Gattung Vb, 1876/77 ▼

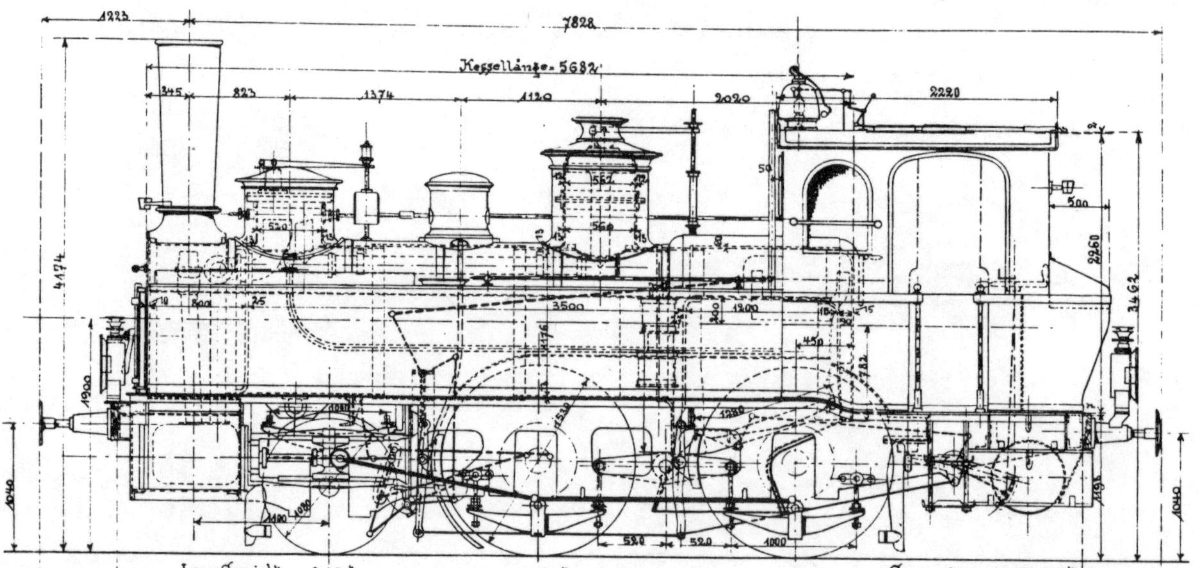

Skizze 35 C-n2-Lok, Gattung VI (alt Xc), 1864–69

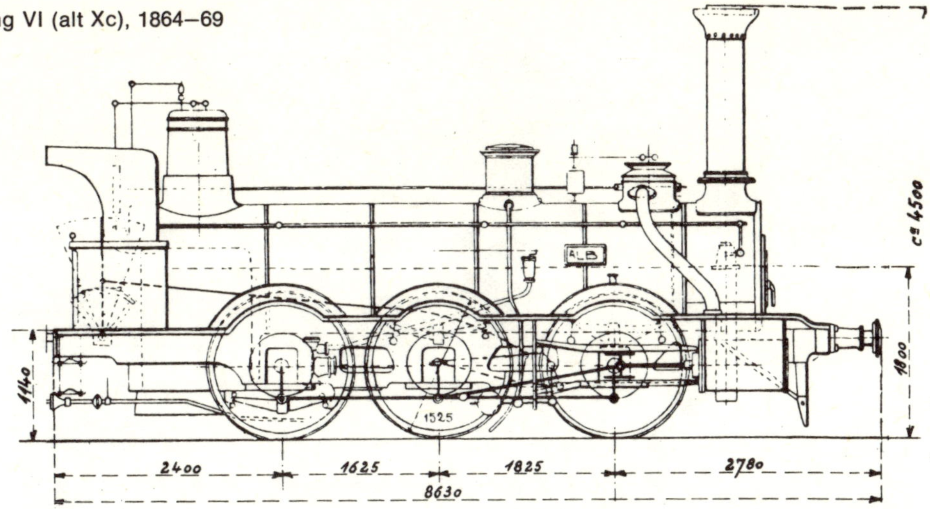

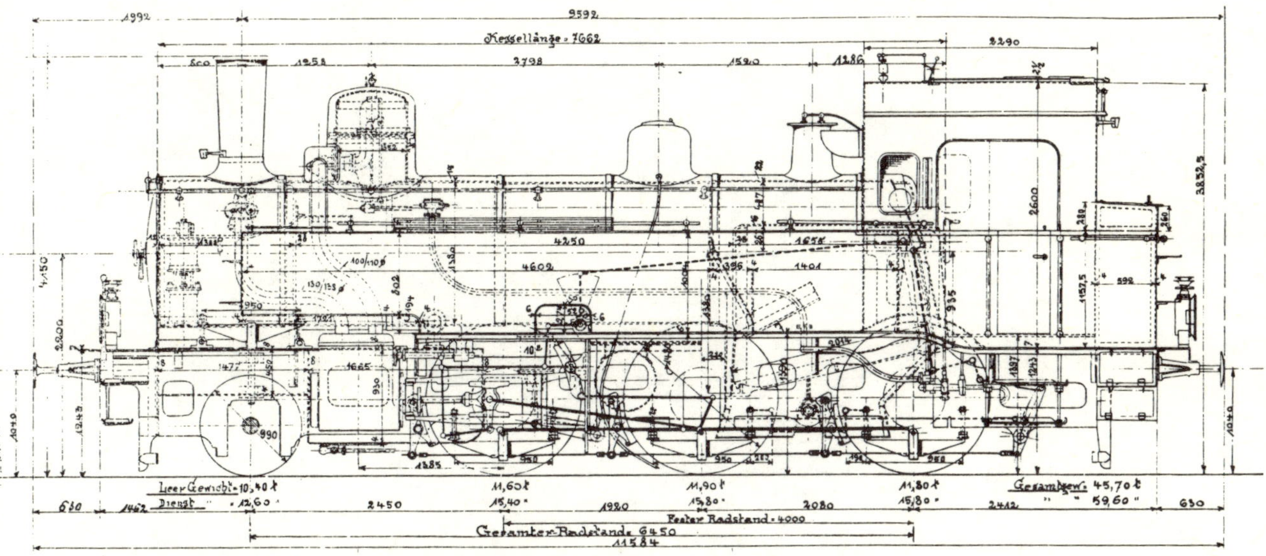

Skizze 36 1′C-n2-Personenzugtenderlok, Gattung VIa, 1900

Skizze 37 1′C 1′-n2-Personenzugtenderlok, Gattung VIb[1, 2], 1900–02

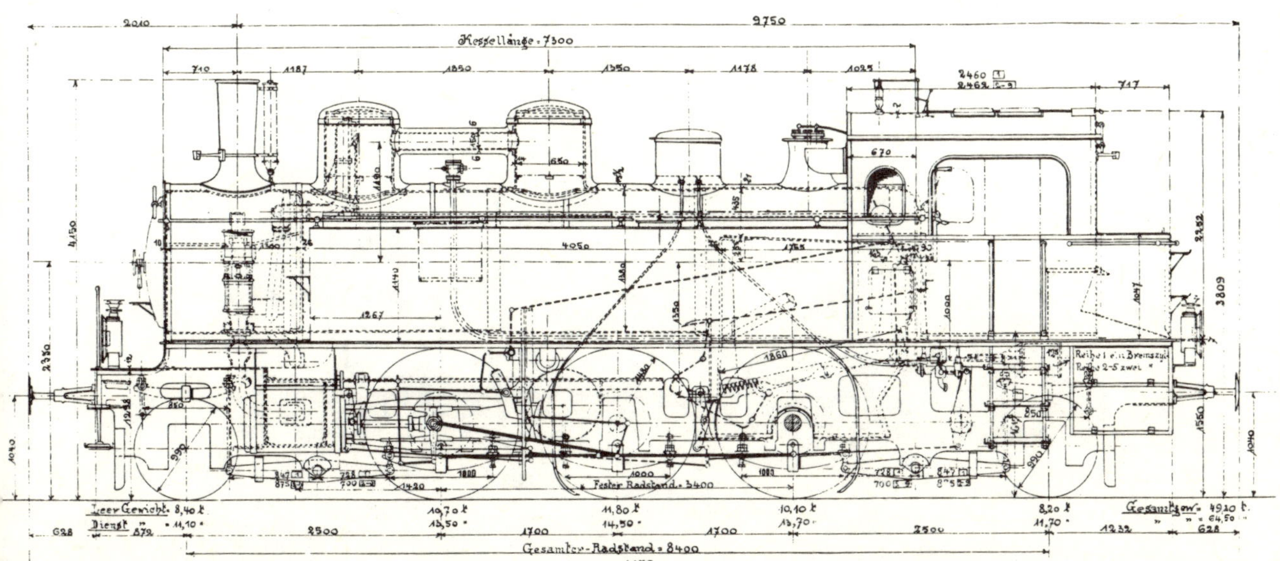

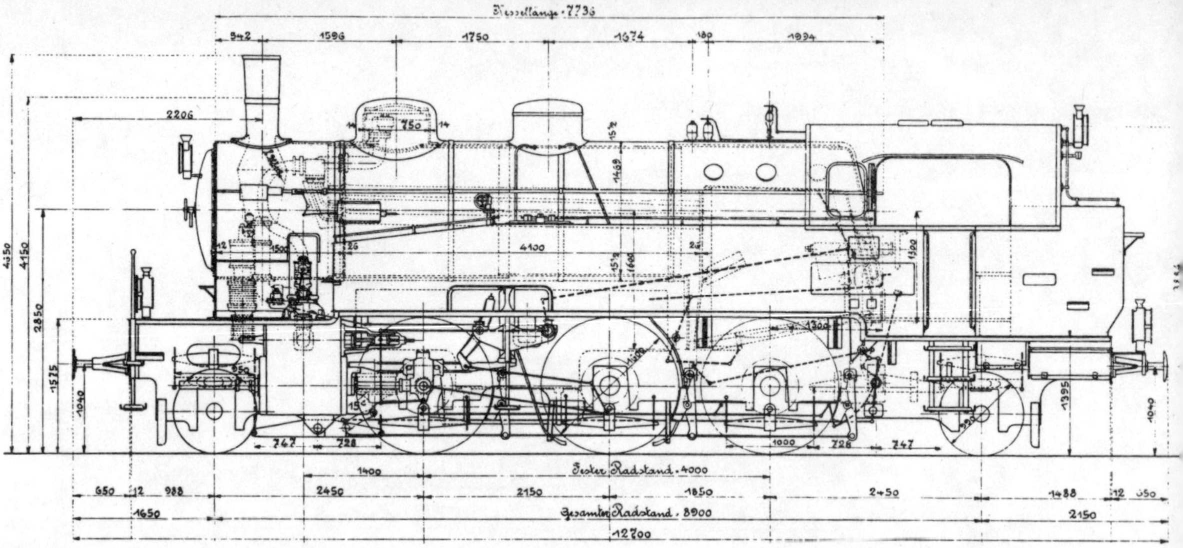

Skizze 38 1′C 1′-h2-Personenzugtenderlok, Gattung VIc[1], 1914

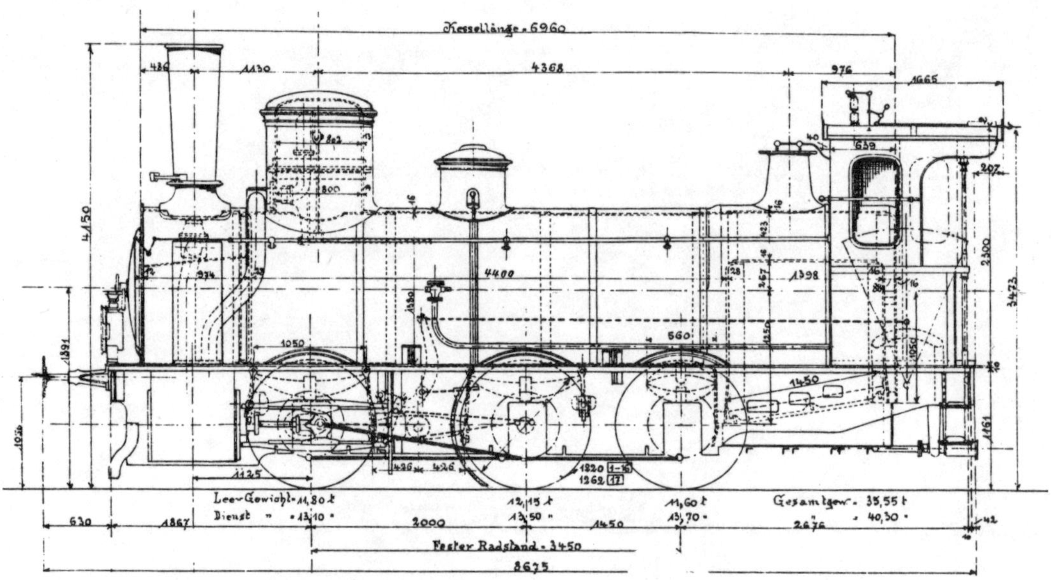

Skizze 39 C-n2-Güterzuglok, Gattung VIIa[17], 1890/91, letzte Version der VIIa

Skizze 40 C-n2v-Güterzuglok, Gattung VIId[1], 1893

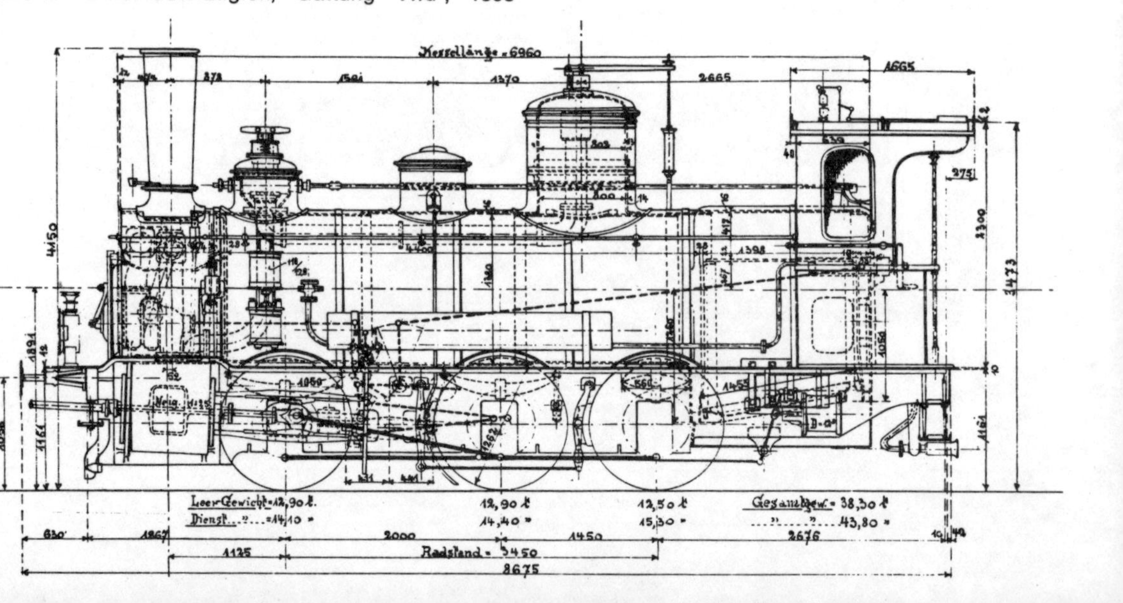

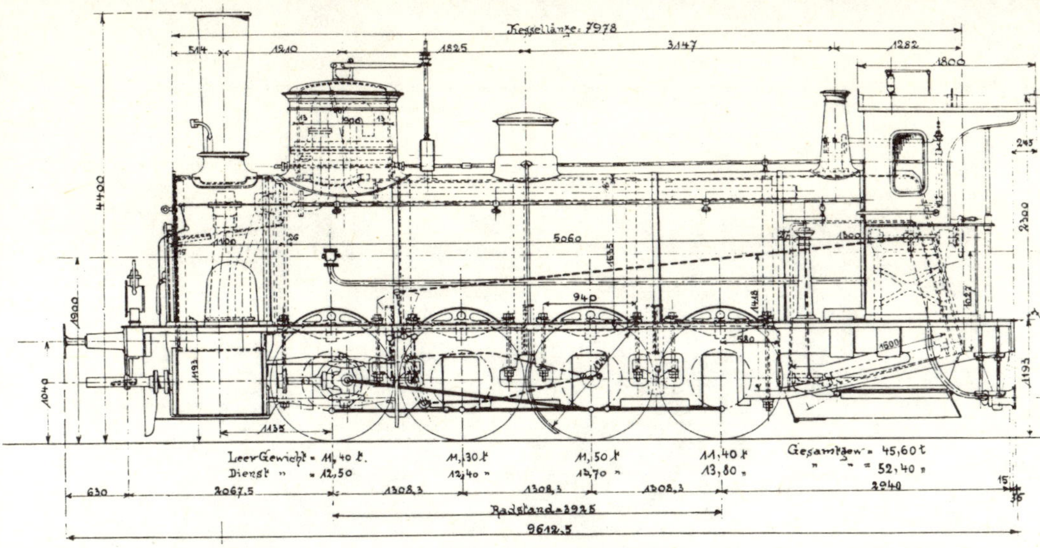

Skizze 41 D-n2-Güterzuglok, Gattung VIIIa, 1875 (Hanomag)

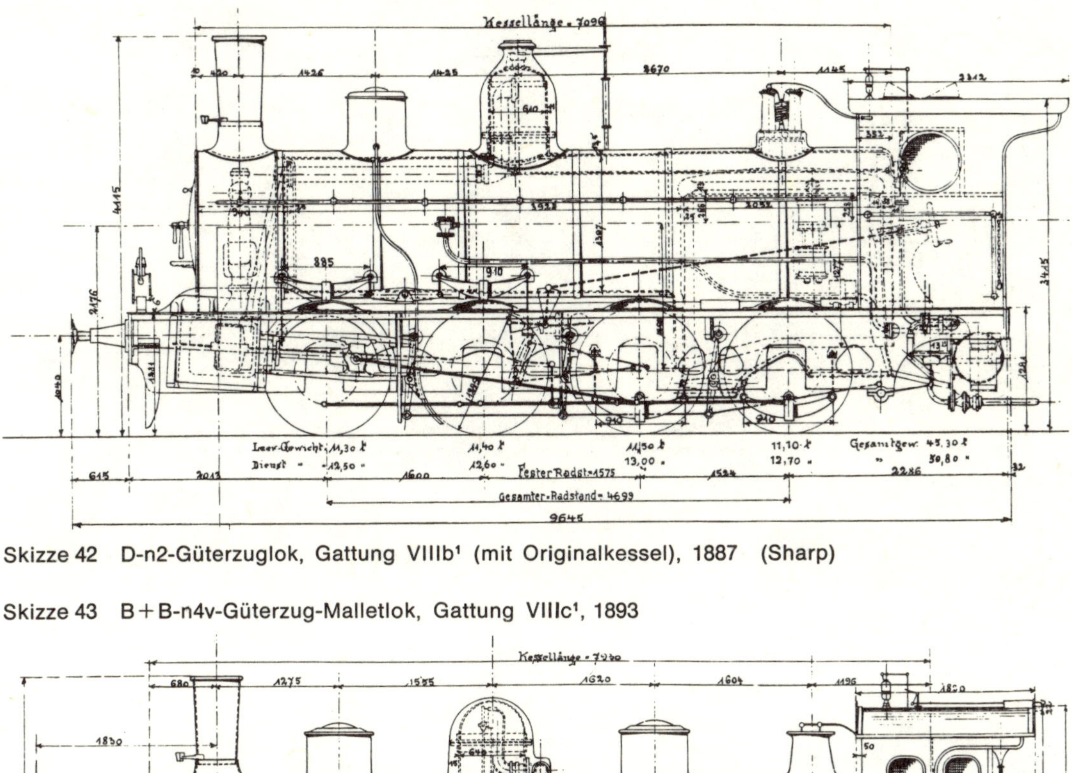

Skizze 42 D-n2-Güterzuglok, Gattung VIIIb¹ (mit Originalkessel), 1887 (Sharp)

Skizze 43 B+B-n4v-Güterzug-Malletlok, Gattung VIIIc¹, 1893

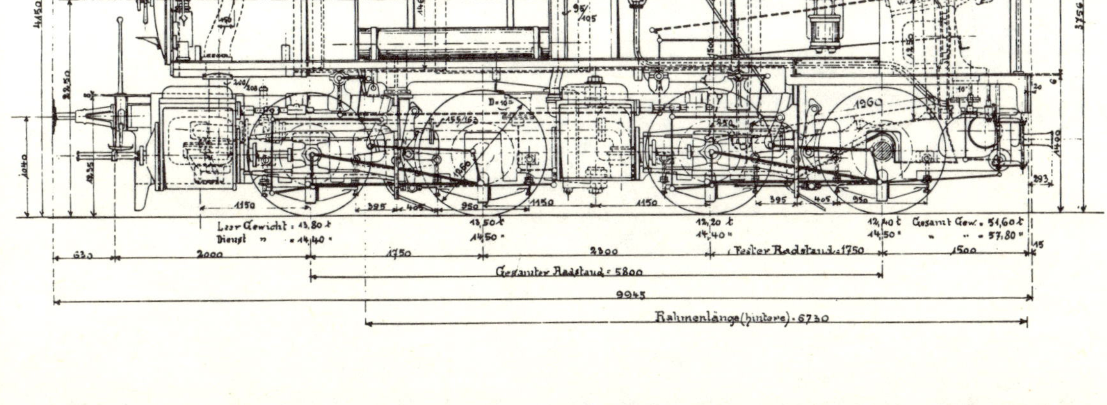

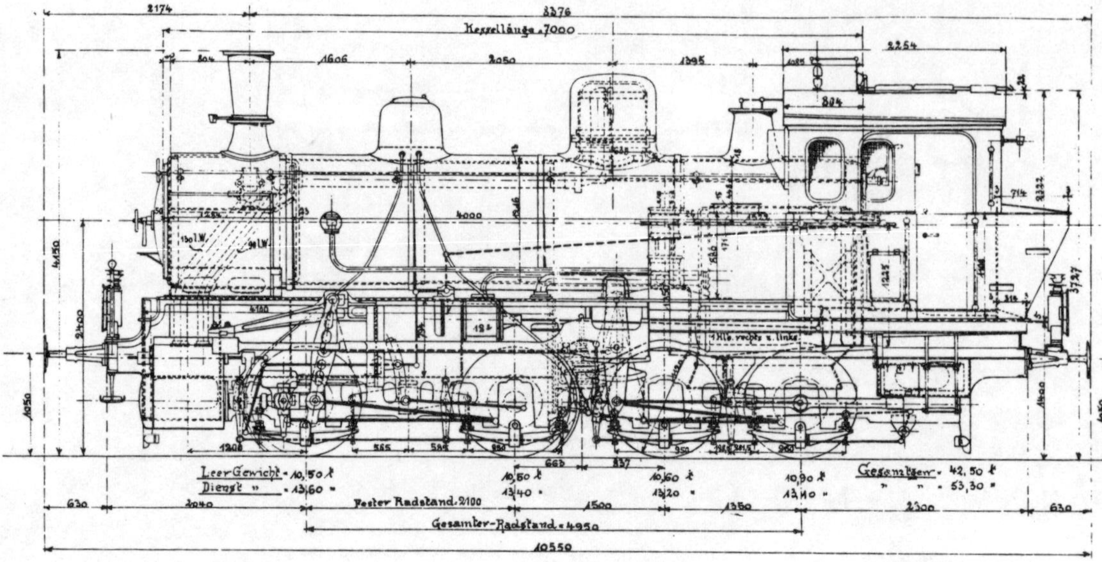

Skizze 44 D-n2-Tenderlok Bauart Hagans, Gattung VIIId, 1900

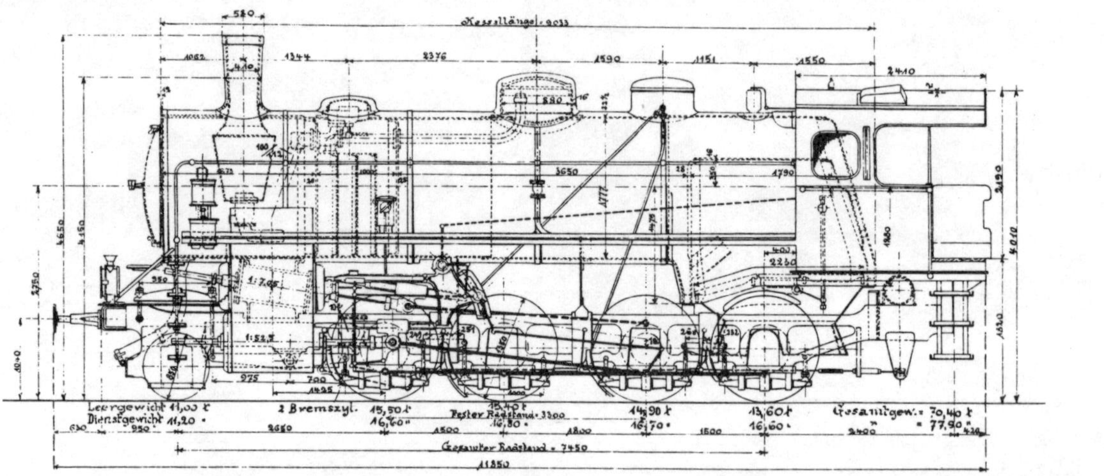

Skizze 45 1'D-n4v-Güterzuglok, Gattung VIIIe[1], 1908 (Maffei)

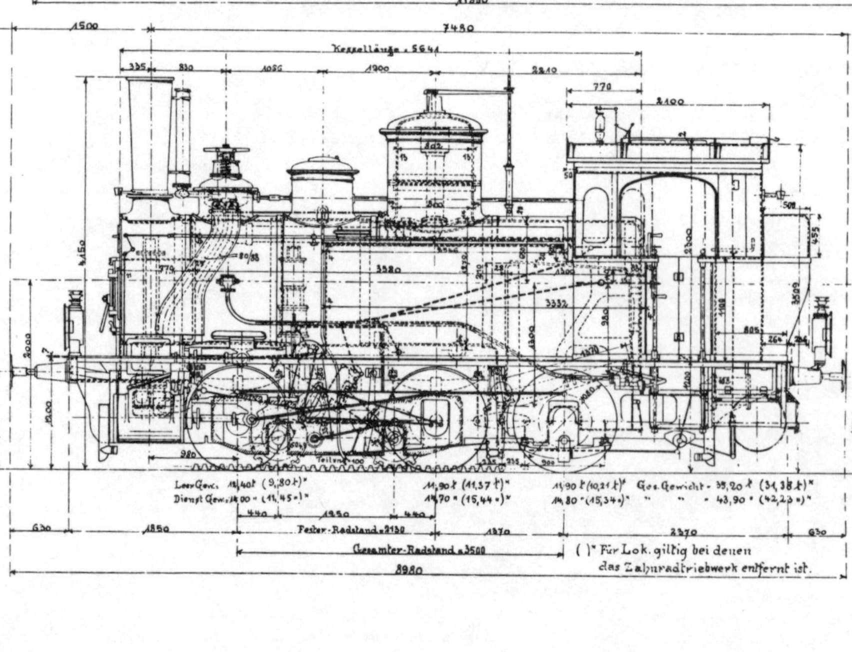

Skizze 46 C-n2(4)-Zahnradlok für die Höllentalbahn, Gattung IXa, 1887/88

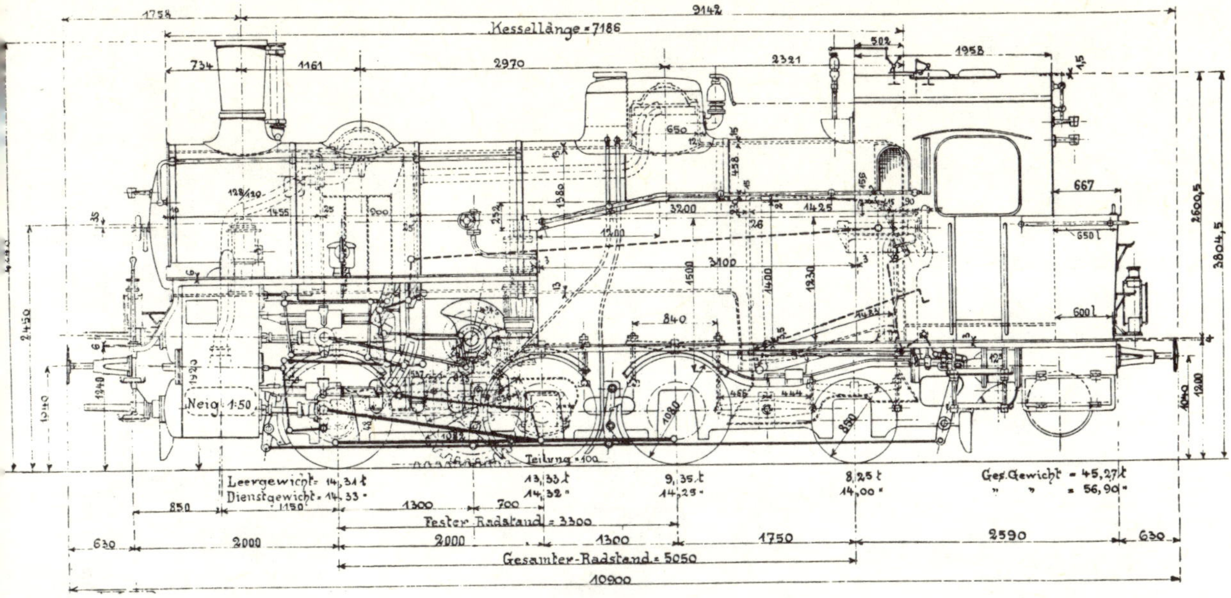

Skizze 47 C 1′-n2(4v)-Zahnradlok, Gattung IXb[1], 1910

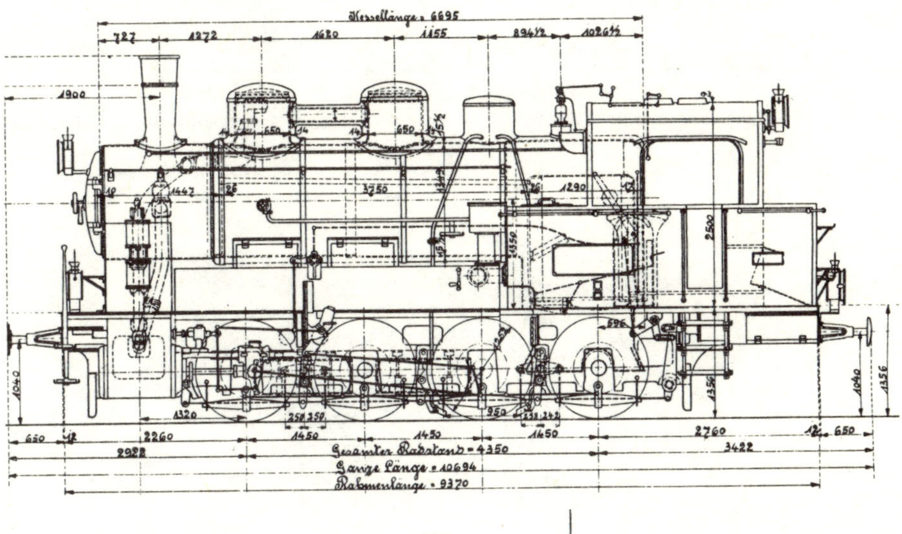

Skizze 48 D-n2-Rangierlok, Gattung Xb[3, 4], 1914/15

Skizze 49 Dampfmotorwagen Bauart Serpollet Nr. 6606, Gruppe 133c, 1902

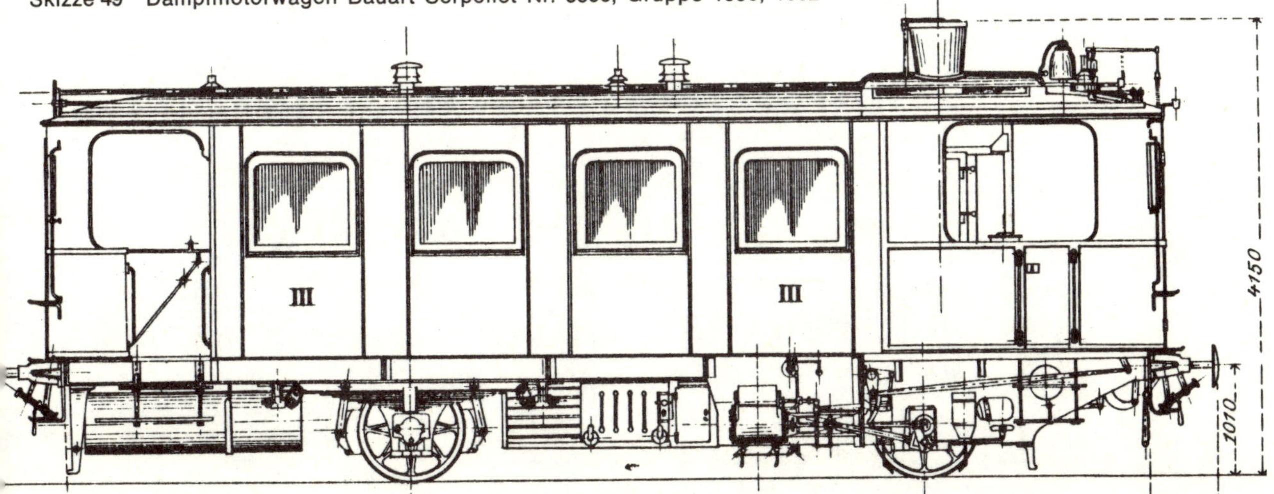

Skizze 50 Dreiachsiger Abteilwagen I. und II. Klasse, 1856

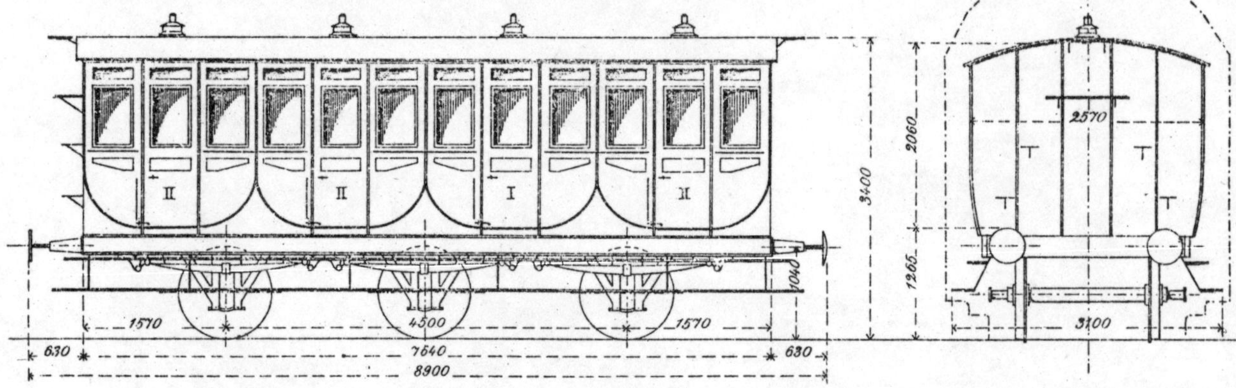

Skizze 51 Abteilwagen II. Klasse, 1860

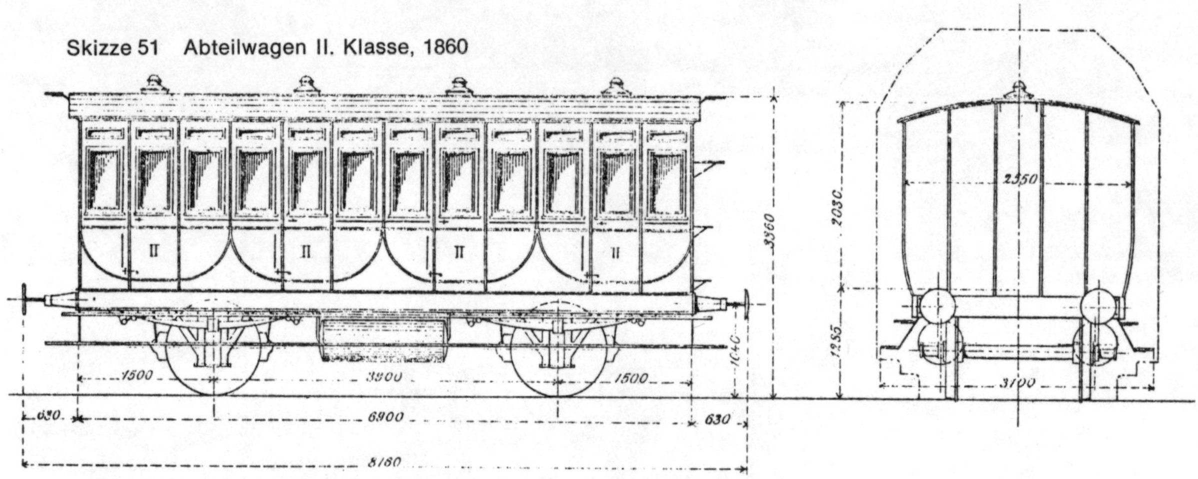

Skizze 52 Abteilwagen I. und II. Klasse, 1862–74

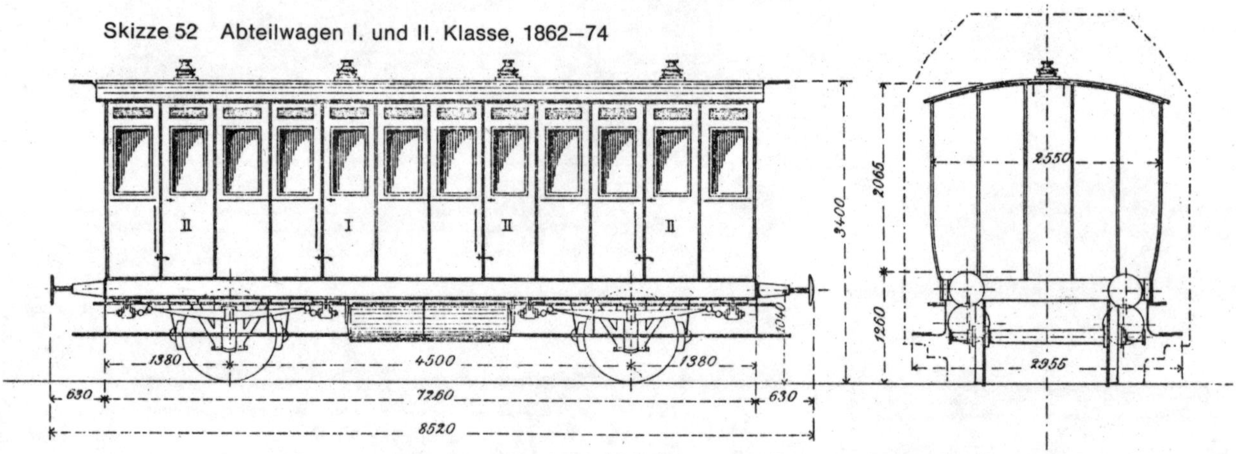

Skizze 53 Abteilwagen III. Klasse, 1860–69

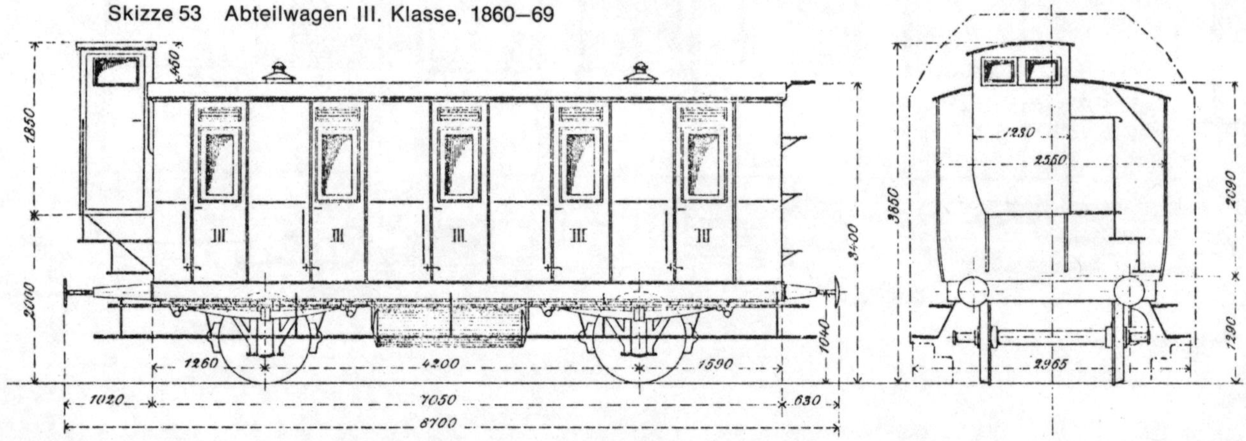

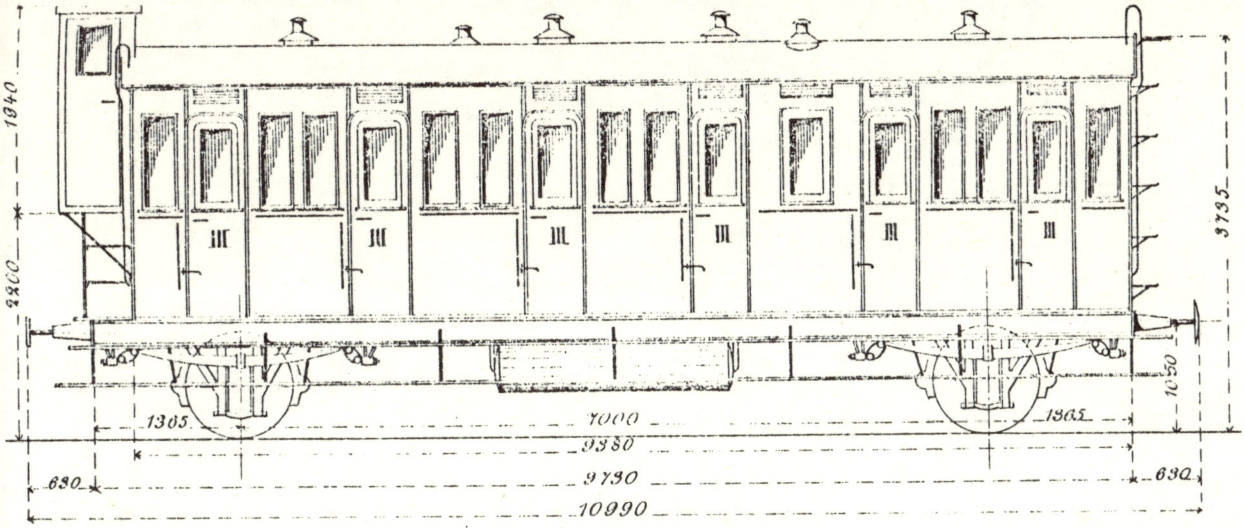

Skizze 54 Abteilwagen III. Klasse für Schnellzüge, Gruppe 55, 1895–97

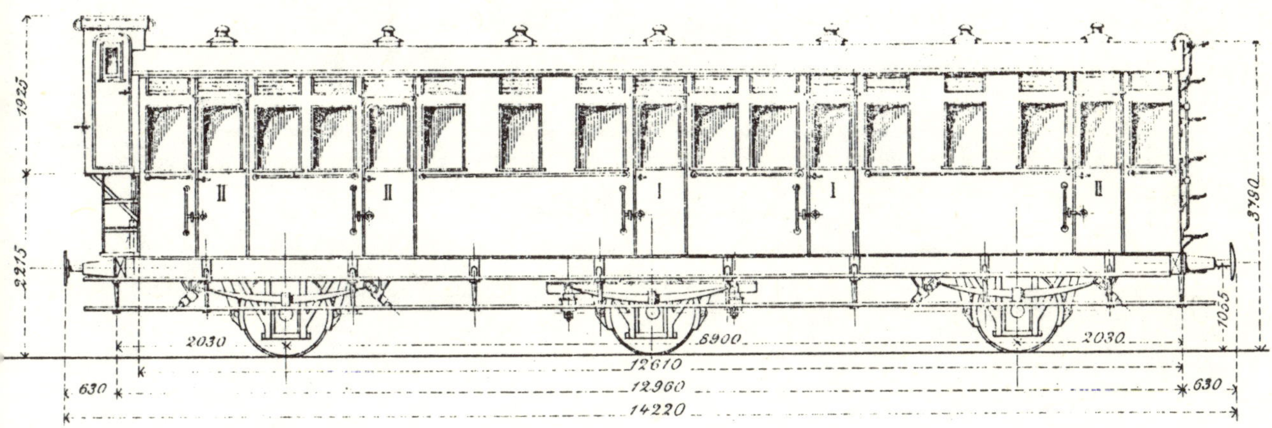

Skizze 55 AB³, Gruppe 21a, 1902

Skizze 56 CC, Gruppe 56, 1893

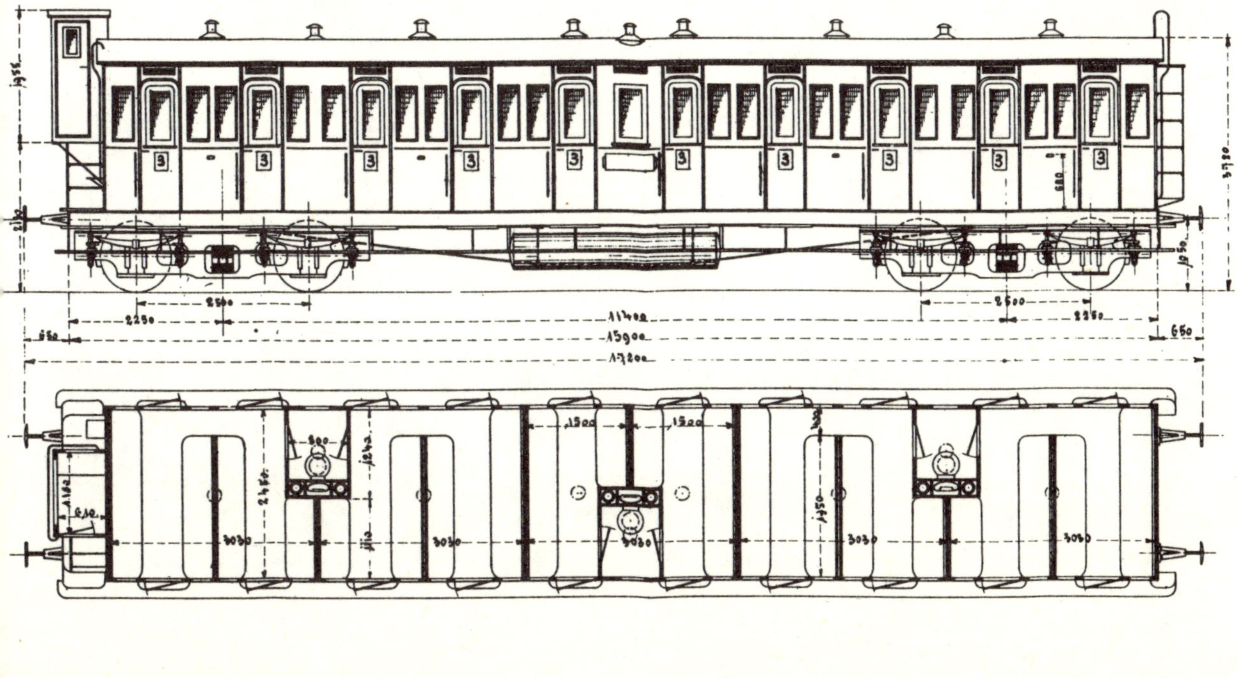

Skizze 57 Durchgangswagen I. und II. Klasse, Gruppe 63, 1879

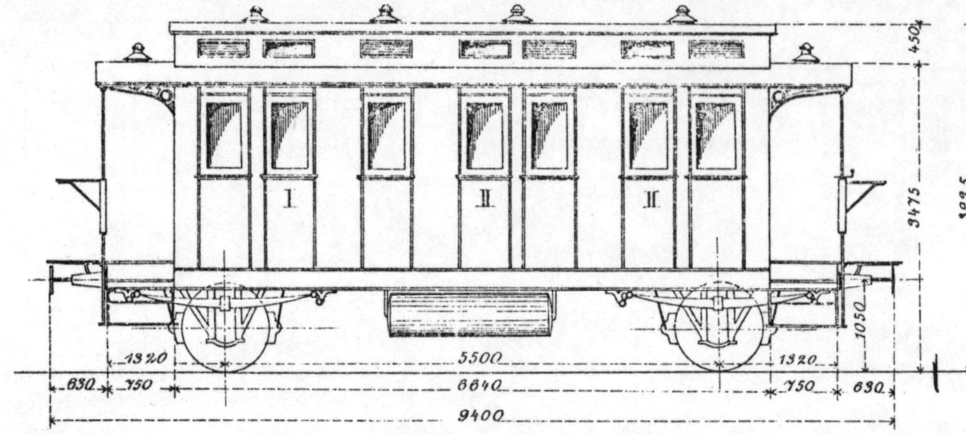

Skizze 58 Durchgangswagen I. und II. Klasse für Schnellzüge, Gruppe 72, 1898

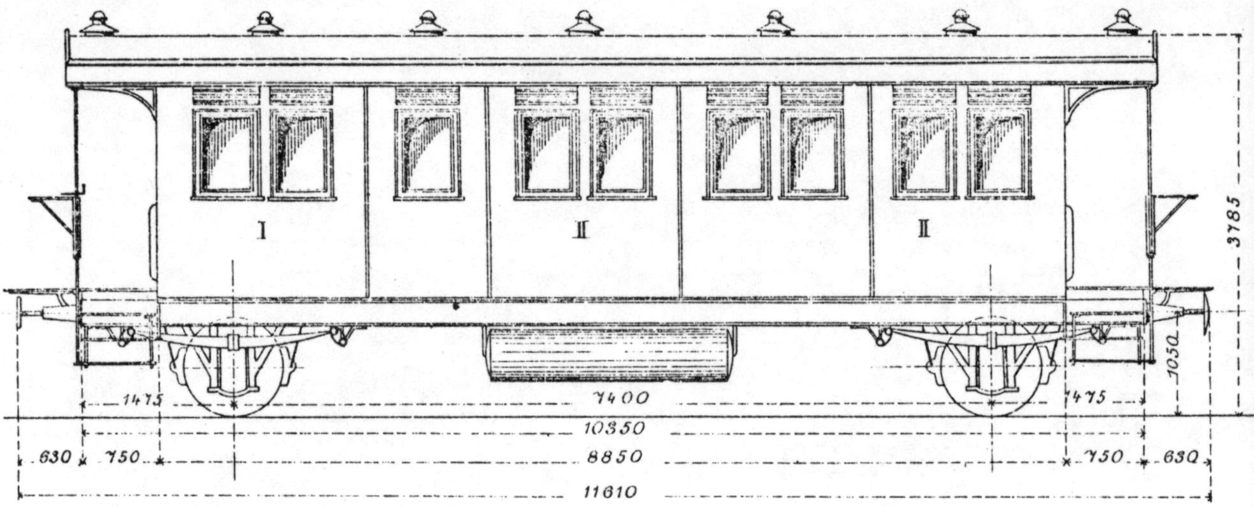

Skizze 59 ABBi, Gruppe 74, 1899/1900

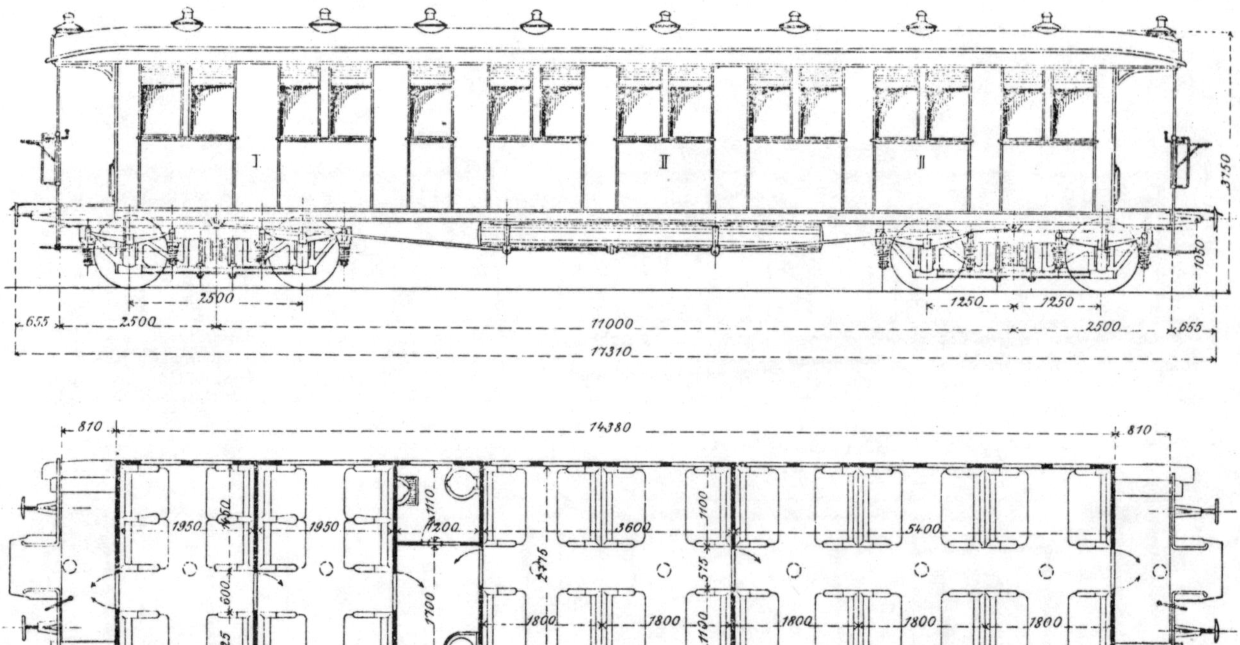

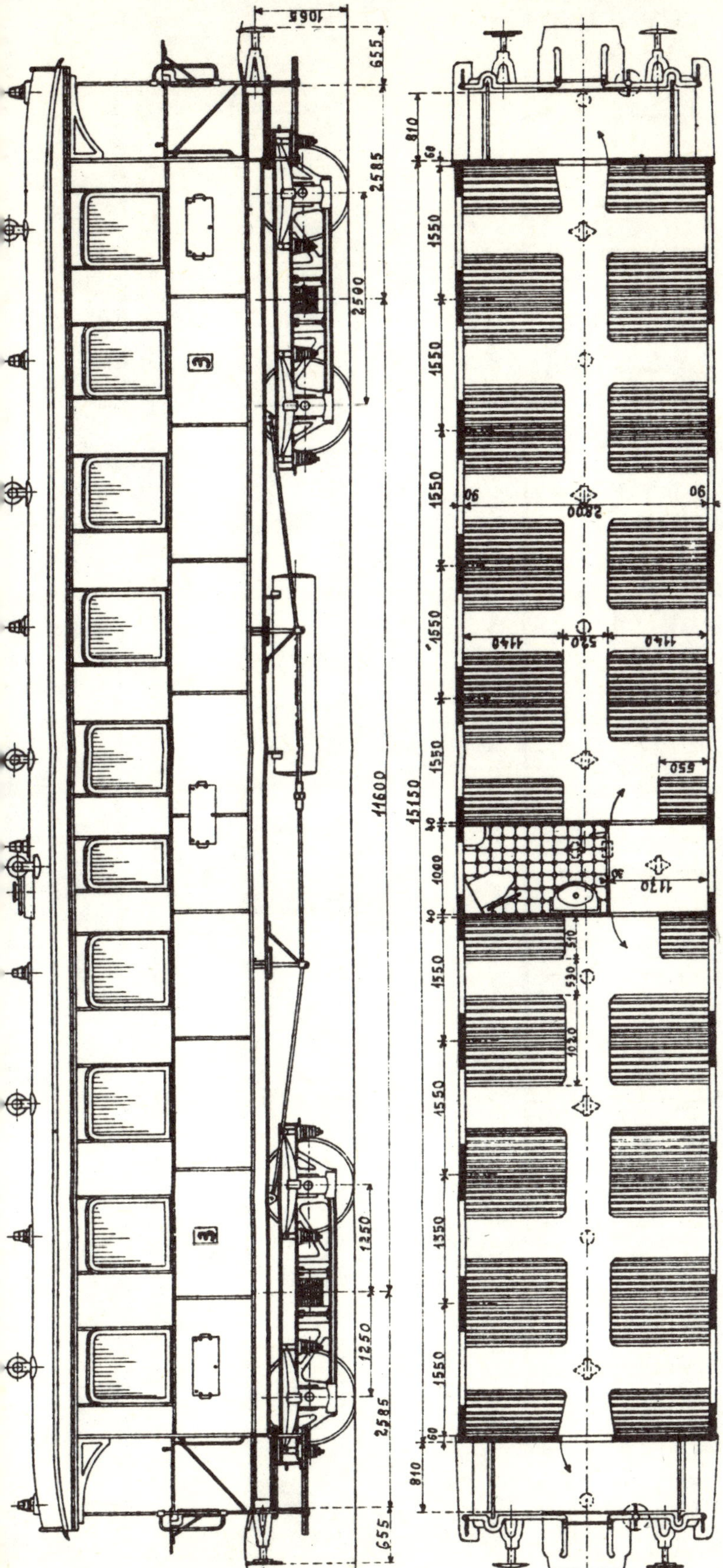

Skizze 60 CCi, Gruppe 110a, 1902/03

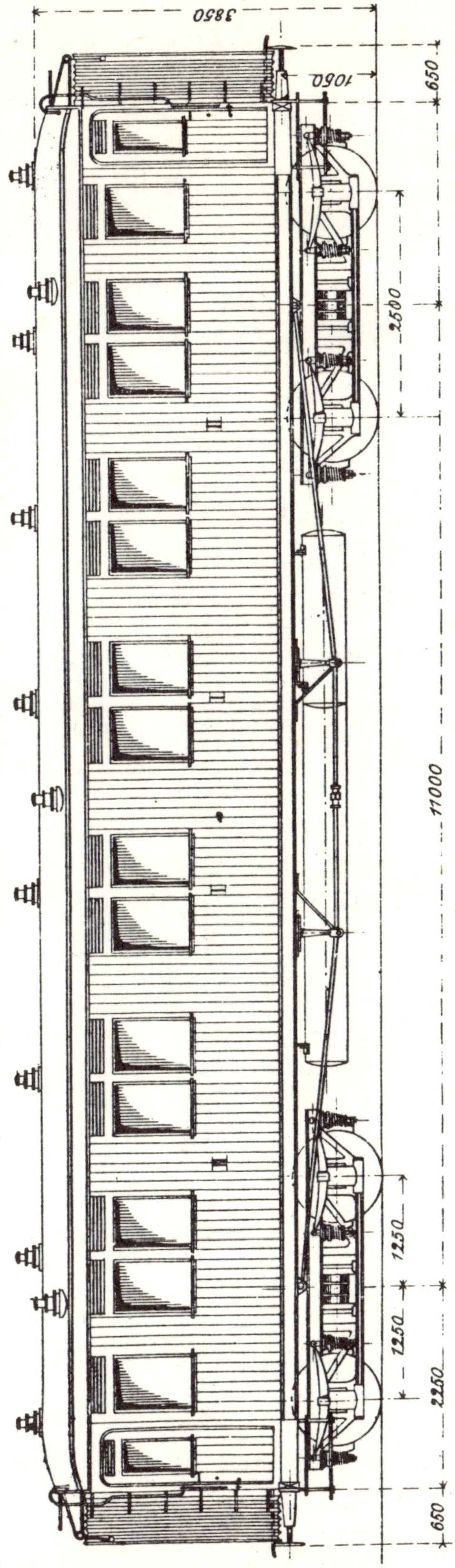

Skizze 61 Erster badischer D-Zugwagen, ABBü, Gruppe 75, 1894 (Brüssel)

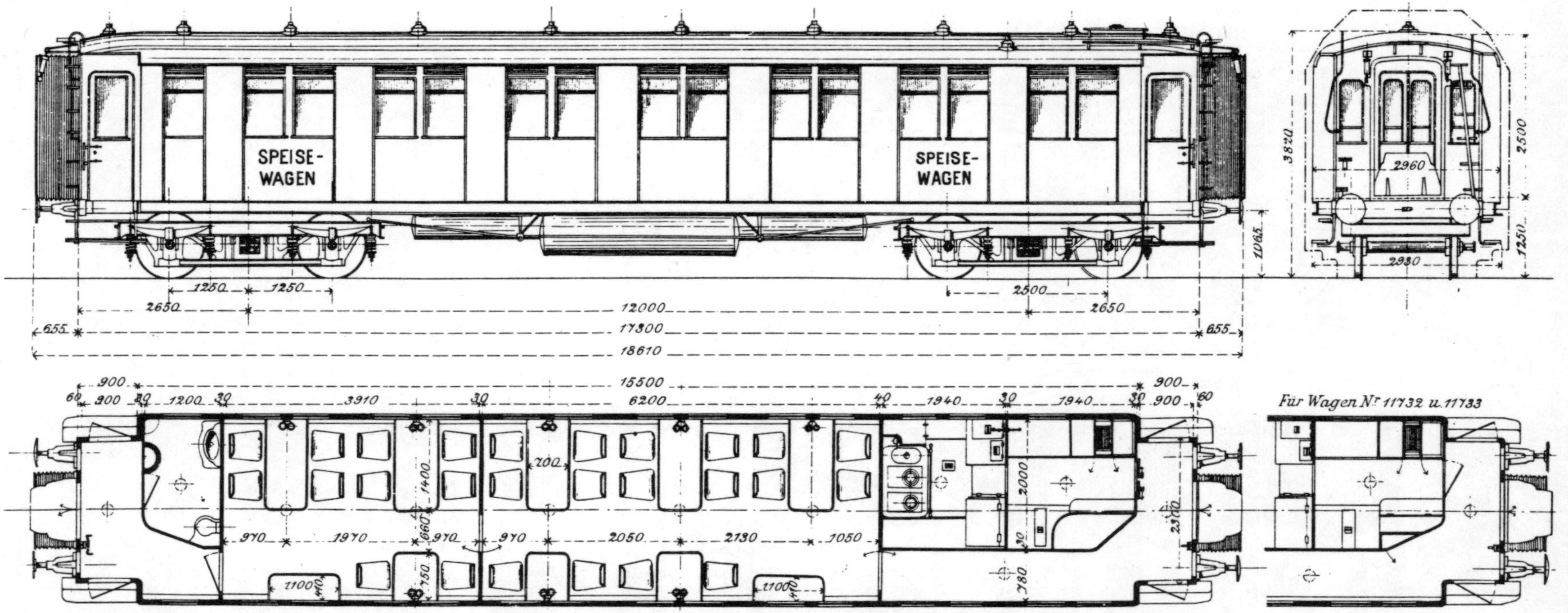

Skizze 62 Speisewagen, Gruppe 79b (1904:80), 1902/03 aus den drei ABBü mit Kücheneinrichtung (Gr. 76) von 1896/97 umgebaut

Skizze 63 CCü, Gruppe 111a, 1903

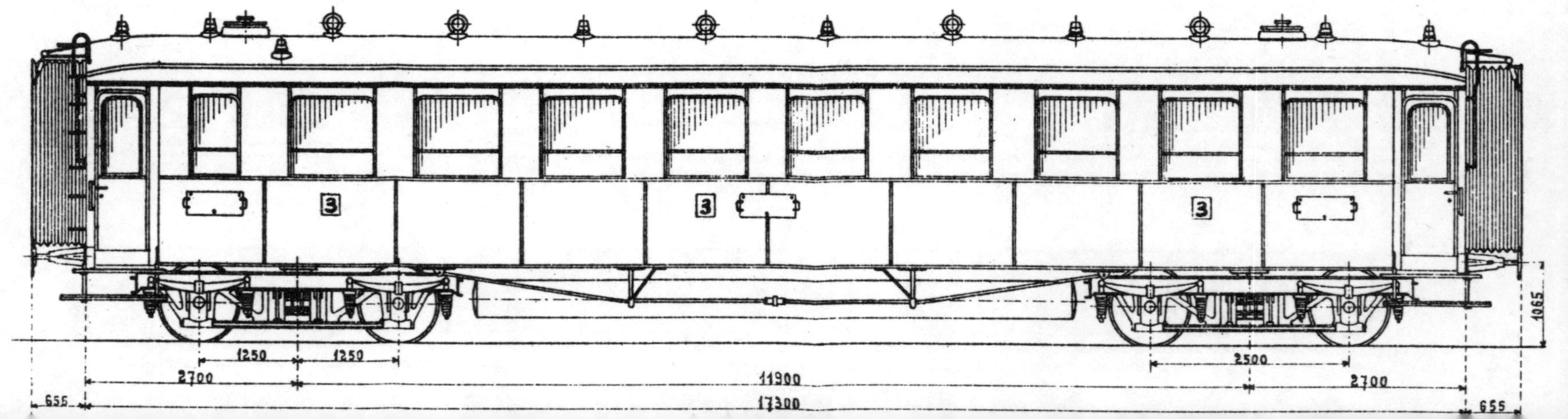

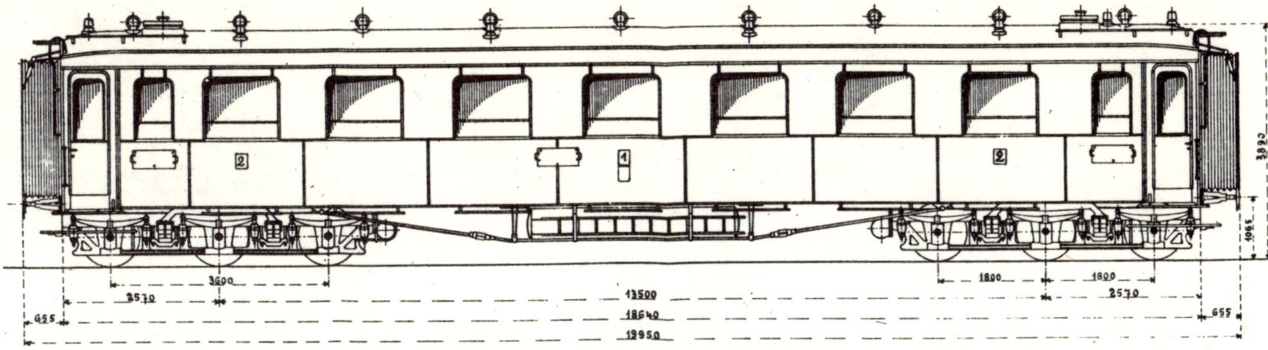

Skizze 64 Sechsachsiger ABBü, Gruppe 76a, 1908

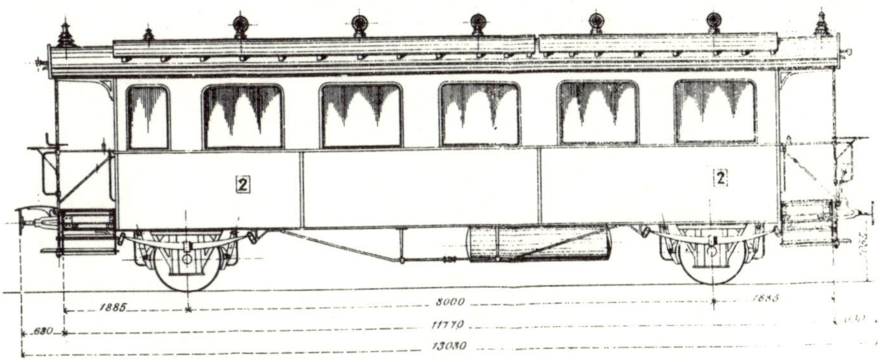

Skizze 65 Bi mit Doppeldach, Gruppe 85a, 1902 (Gastell)

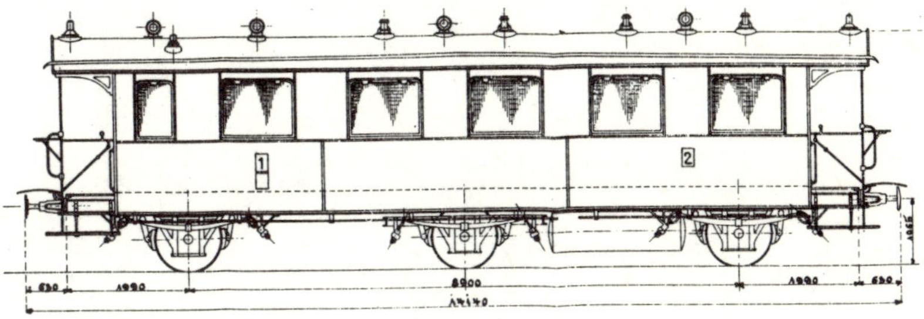

Skizze 66 ABi³, Gruppe 72a, 1904

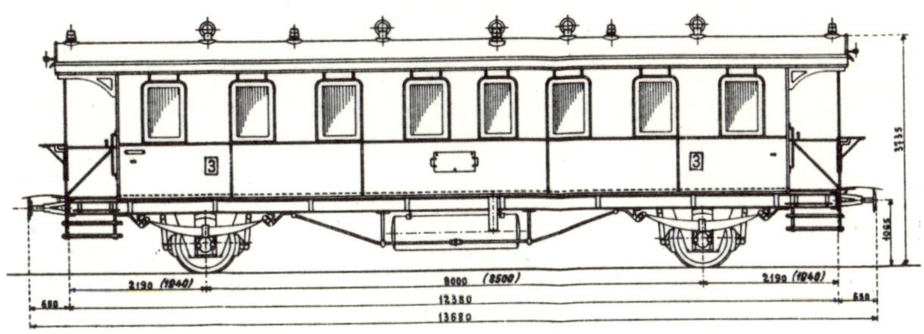

Skizze 67 Ci, Gruppe 94a, 1911–21

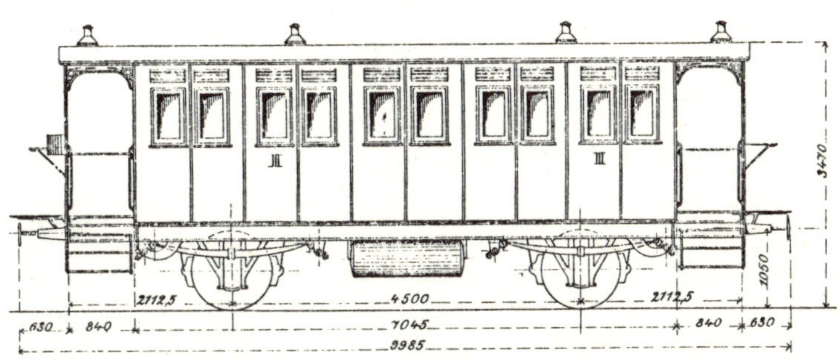

Skizze 68 Durchgangswagen für Lokalzüge III. Klasse, 1886–89

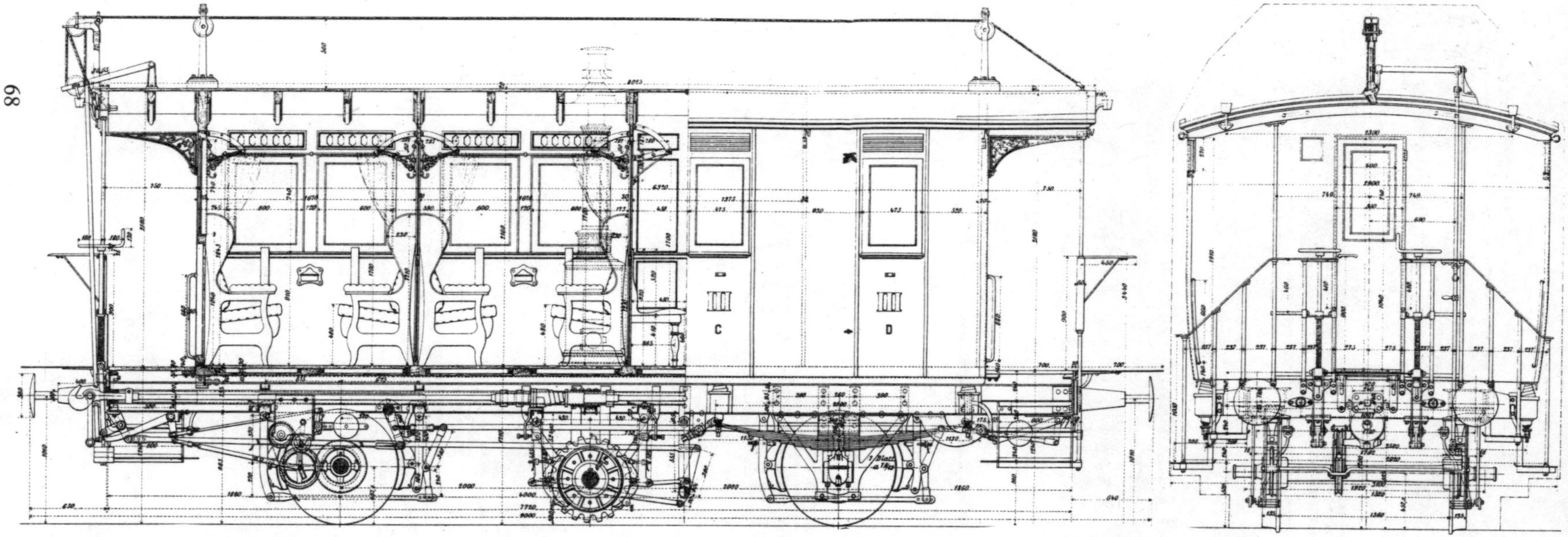

Skizze 69 Durchgangswagen II. und III. Klasse mit Bremszahnrad, für die Höllentalbahn, 1887

Skizze 70 Aussichtswagen der Höllentalbahn (Bremszahnrad entfernt)

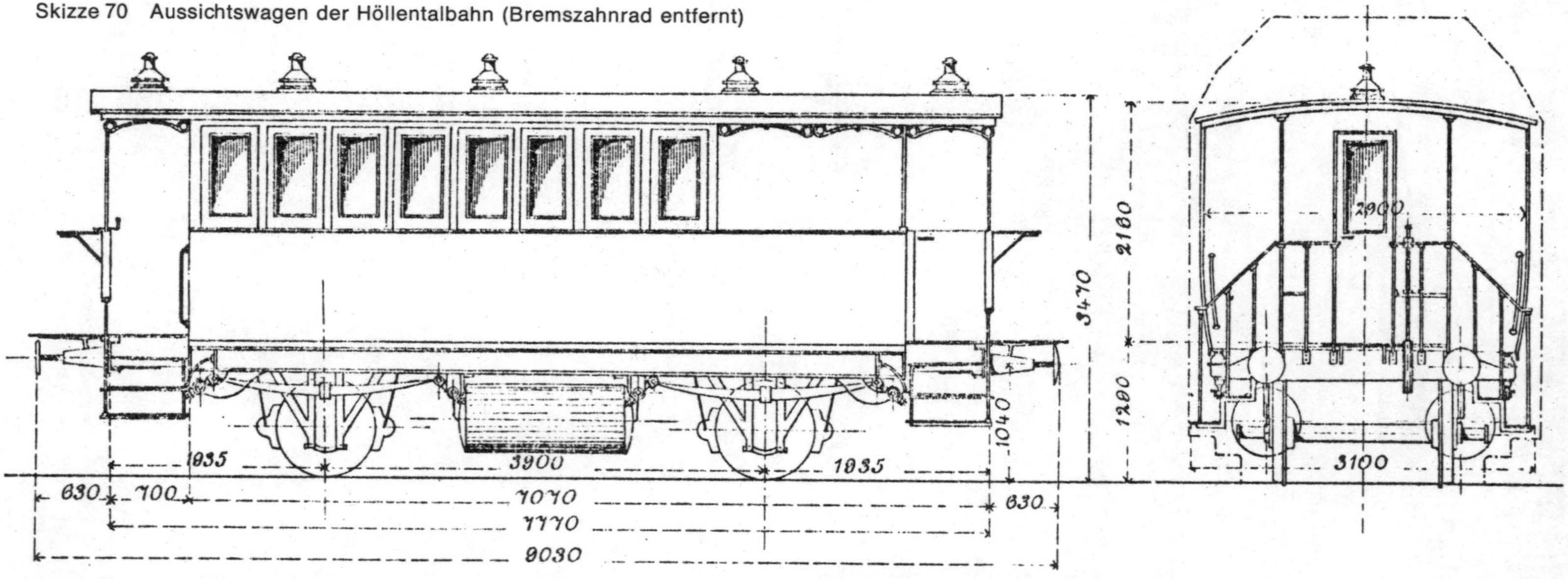

Skizze 71 Reichspost-Wagen für die Höllentalbahn mit Bremszahnrad, 1887

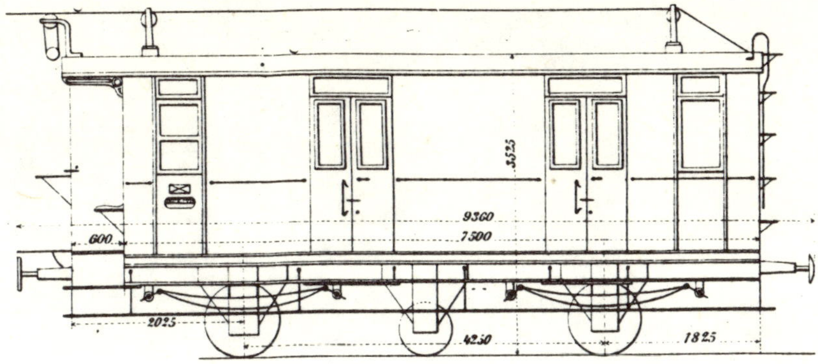

Skizze 72 Höllentalbahn-Gepäckwagen mit Bremszahnrad, 1887/88

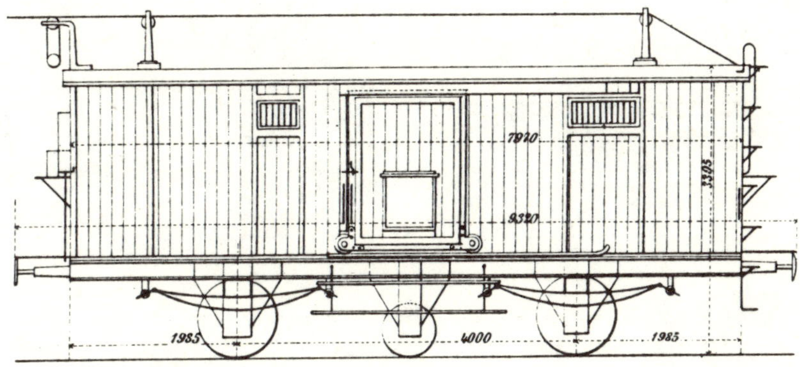

Skizze 73 BCCi Nr. 6607, Gruppe 93a, Umbau 1905 aus dem Akkumulatorenwagen

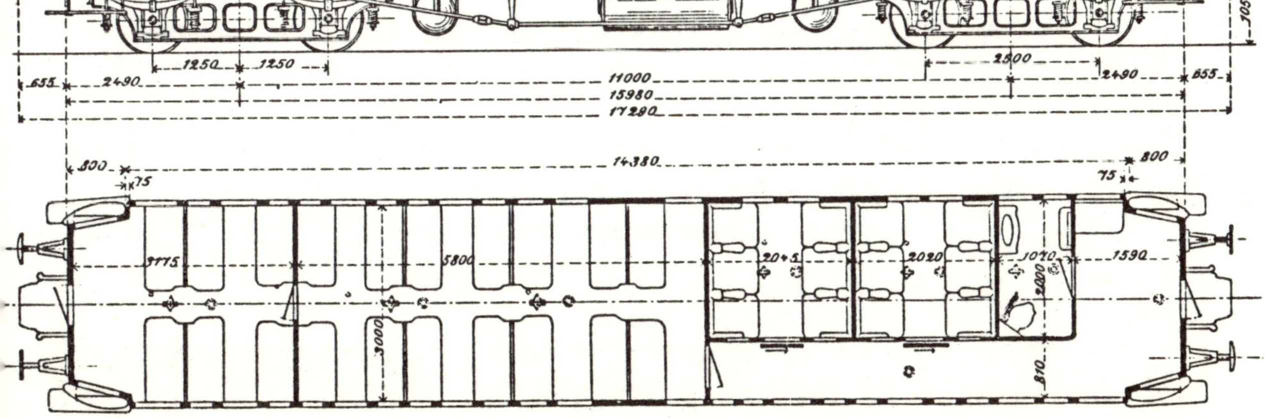

Skizze 74 Breitspur-Galawagen des Großherzogs Leopold, 1842/43 (Schmieder & Mayer)

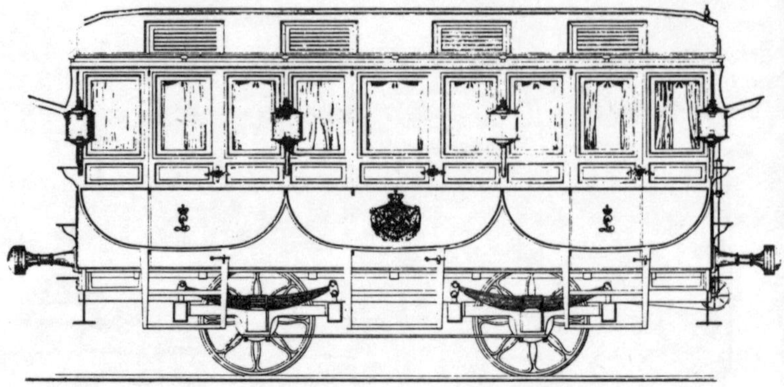

▼ Skizze 75 Sechsachsiger Hofwagen Nr. 10 000, gebaut 1894 von Rathgeber

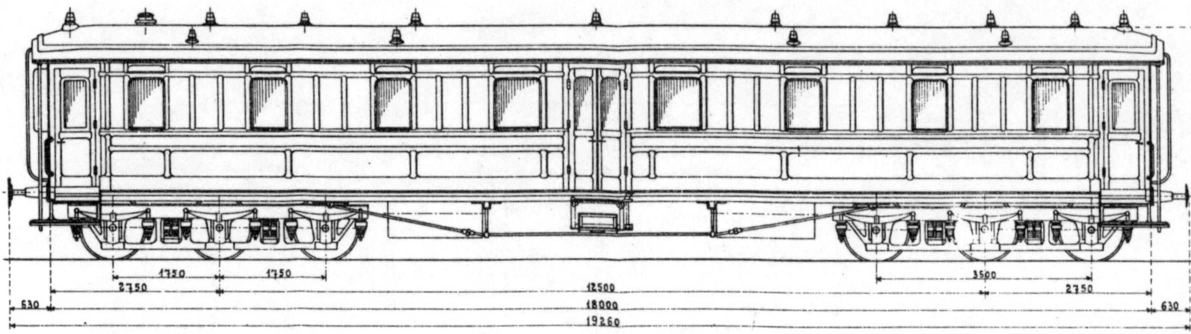

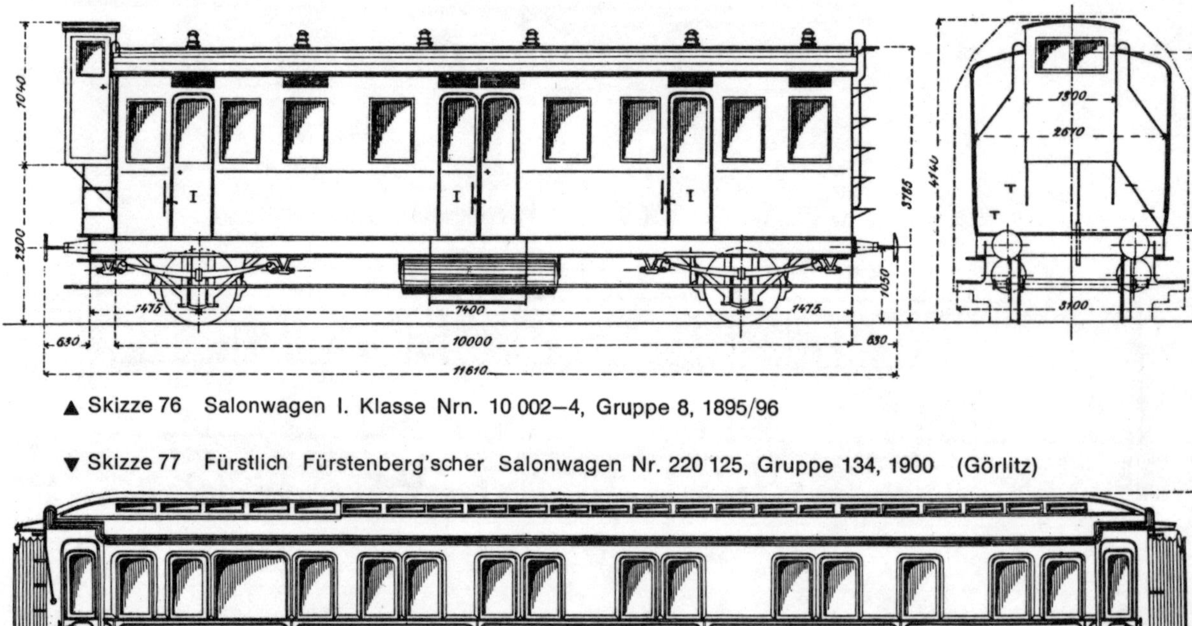

▲ Skizze 76 Salonwagen I. Klasse Nrn. 10 002–4, Gruppe 8, 1895/96

▼ Skizze 77 Fürstlich Fürstenberg'scher Salonwagen Nr. 220 125, Gruppe 134, 1900 (Görlitz)

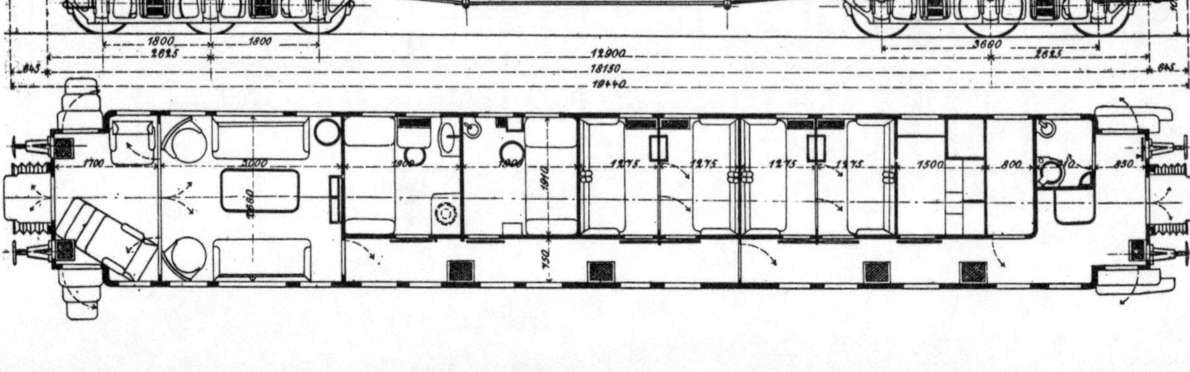

Skizze 78 Standard-Gepäckwagen 1863–83. Hier Gepäckwagen mit Postabteil „P Post“, Gruppe 126, 1863–73

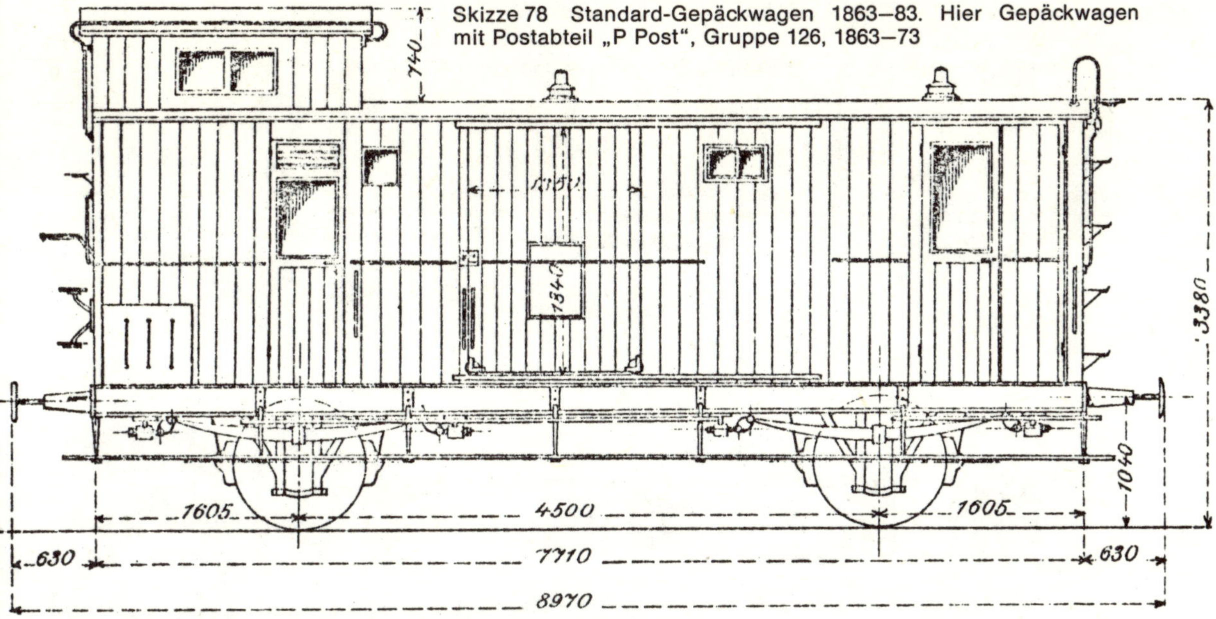

▼ Skizze 79 Großer Gepäckwagen für Schnellzüge 1887–1902. Hier „P“, Gruppe 130, 1887–90

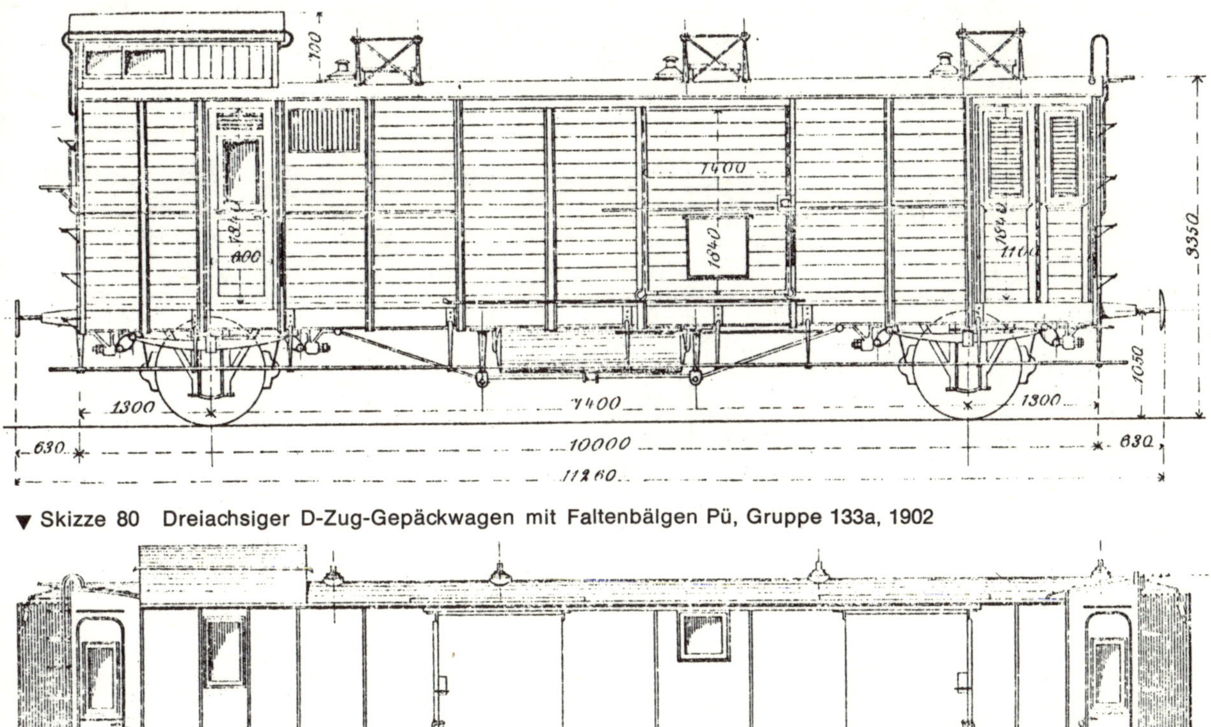

▼ Skizze 80 Dreiachsiger D-Zug-Gepäckwagen mit Faltenbälgen Pü, Gruppe 133a, 1902

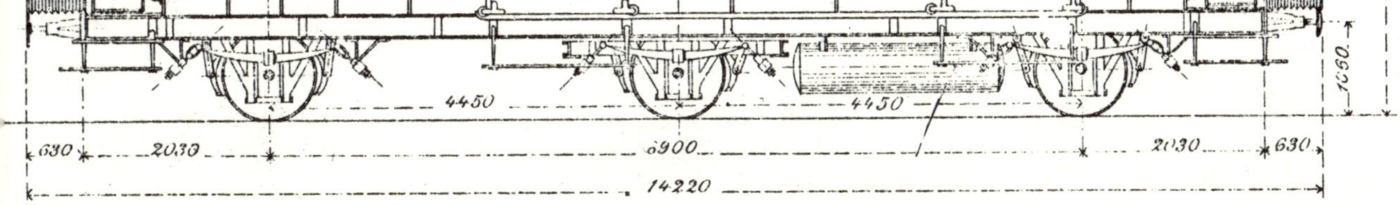

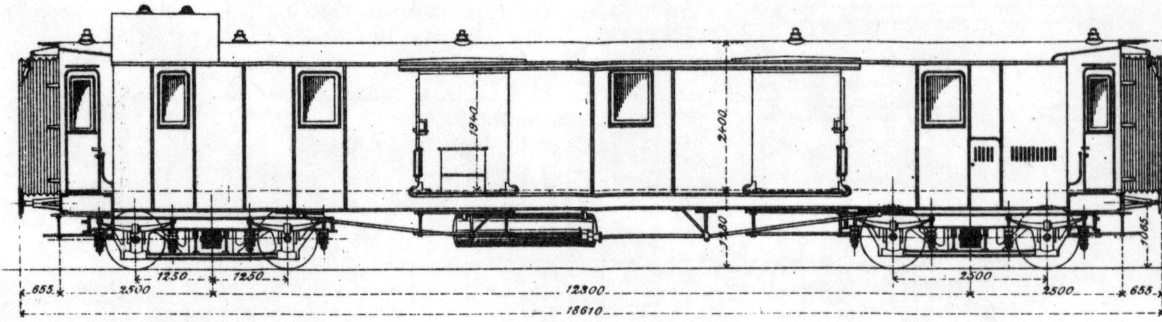

Skizze 81 PPü, Gruppe 133d, 1906–16

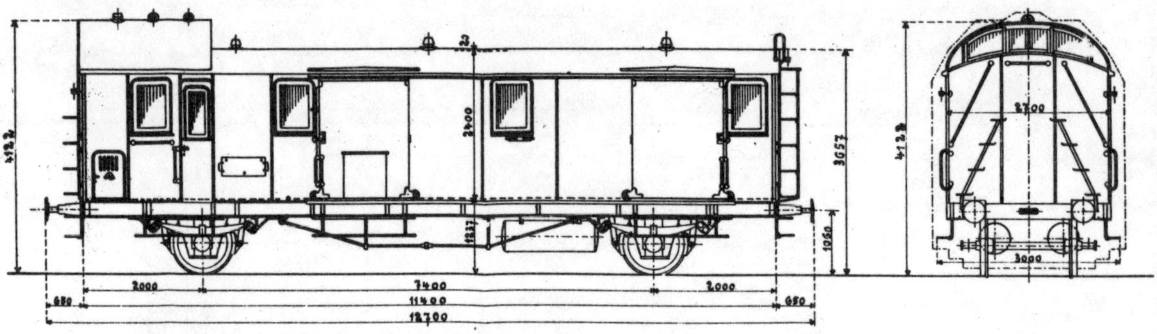

Skizze 82 Personenzug-Gepäckwagen P, Gruppe 122a, 1916–21

Skizze 83 Bahnpostwagen der Großherzoglich Badischen Post, 1861

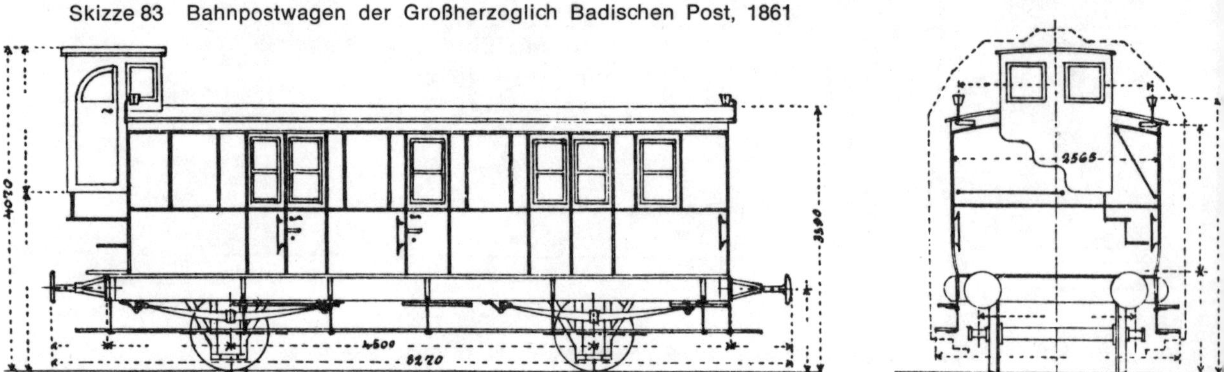

Skizze 84 Badischer Bahnpostwagen, Baujahr 1866

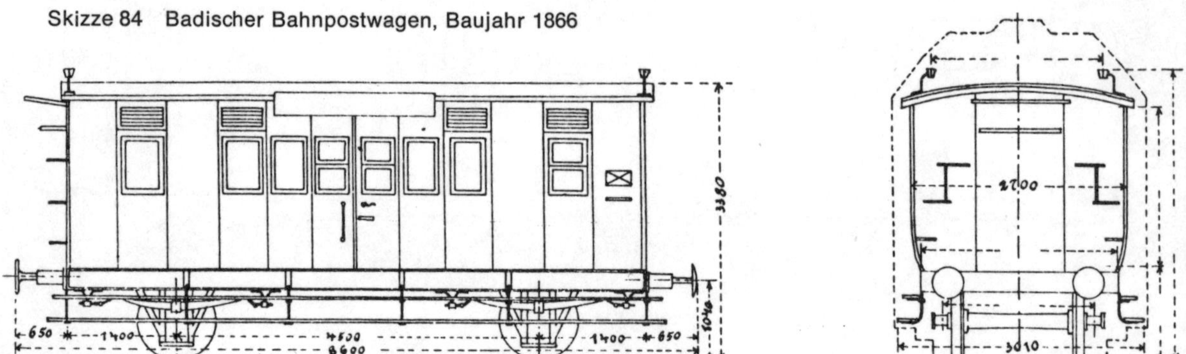

Tafelteil

Bild 2 Oben: Modell der Breitspurlok 47 „Fortuna", Gattung VI (1845), erster deutscher Dreikuppler

Bild 1 Ganz oben: Modell der Breitspurlok 46 „Pambour", Gattung V (1845). Alle nicht näher bezeichneten Fotos entstammen der Sammlung Dr. Mühl

Bild 3 Links: Crampton-Lok 88 „Constanz", Gattung IX (1859)

Bild 4 Crampton-Lok 13 „Phoenix“, Gattung IX (1863), nach der Aufarbeitung im AW Freimann für das Verkehrsmuseum (Foto: Dr. Scheingraber)

Bild 5 2′B-Schnellzuglok, Gattung XII (später III), erste Serie (1861)

Bild 6 2′B-Schnellzuglok, Gattung XII (später III), sechste Serie (1869)

Bild 7 Lok Nr. 277, Gattung IIIa[8] (1873), vor der Jahrhundertwende in Schaffhausen (Sammlung v. Rotberg)

Bild 8 Umgebaute IIIb, Nr. 232, mit Tender-Führerhaus

Bild 9 1B-Lok 113, Gattung XI (später Va), von 1862

Bild 10 Erster Normalspur-Dreikuppler Nr. 77, Gattung Xa (später VIIb), von 1856

Bild 11 Großrädrige C Nr. 228, Gattung VI (1868). Zu dieser Bauart gehörte die „Kniebis“

Bild 12 Güterzugmaschine Nr. 163, Gattung Xd (später VIIa), der ersten Serie von 1866

Bild 13 VIIa einer späteren Serie mit Belpaire-Kessel

Bild 14 Die C-Güterzuglok der Gattung VIIa ist während eines Vierteljahrhunderts als Standardmaschine für den Güterzugdienst beschafft worden. Lok Nr. 394 – VIIa[10] (1875)

Bild 15 Letzte Version der badischen C-n2 war die Gattung VIIc, von der 1891 vier Lok gebaut wurden. (Archiv)

Bild 16 Die leichten Zweikuppler der Gattung IVa wurden 1866–1870 in Grafenstaden und Karlsruhe gebaut. Hier die Karlsruher Nr. 245 von 1870

Bild 17 Alle 46 B-Lok der Gattung IVa sind 1880–1886 in B1-Tendermaschinen umgebaut worden. Hier die Grafenstadener Nr. 191 aus der ersten Serie

Bild 18 Die ersten badischen Neubau-Tenderlok waren zwei Bt aus 1866 für die vom Staat betriebene Privatbahn Dinglingen – Lahr, Gattung XIII (später Ia). Hier Nr. 175 „Schwan". Die MGB Karlsruhe versah ihre Lok für Fabrikaufnahmen mit hellgrauem Anstrich.

Bild 19 Maffei baute 1873/74 20 1B-Personenzugmaschinen mit Tender, Gattung IVb. Alle wurden 1888–1892 in 1B1-Tenderlok umgebaut

Bild 20 1B-Personenzuglok der Gattung IVc (1875–1887) vor einem badischen Schnellzug im Badischen Bahnhof Basel um die Jahrhundertwende. Hinter der Lok ein „großer Gepäckwagen" und ein ABBü (Sammlung v. Rotberg)

Bild 21 IVc Nr. 370 der ersten Serie von 1875 vor einem Personenzug in Basel Badischer Bahnhof (Sammlung Dr. Scheingraber)

Bild 22 D-Güterzuglok Nr. 351, Gattung VIIIa, von Hanomag (1875) (Sammlung Dr. Scheingraber)

Bild 23 Die mißglückte 1B1-Schnellzug-Tenderlok, Gattung IVd (1891) (Archiv)

Bild 24 1B-Tenderlok Nr. 61 „Schoepflin" von 1877, Gattung Vb

Bild 25 Die 1000. Lokomotive der MBG Karlsruhe (1880) ist die 1B-T Nr. 63, Gattung Ic

Bild 26 1A-Tenderlok Nr. 62 „Aurelia“, Gattung Id (1882)

Bild 27 Id – 437 aus 1885 (Sammlung Dr. Scheingraber)

Bild 28 Von der B-Tendermaschine der Gattung Ie sind zwischen 1887 und 1893 insgesamt 30 Lok gebaut worden. Sie waren für die Lokalzüge bestimmt

Bild 29 C-n2 (2) – Zahnradlokomotive für die Höllentalbahn, Gattung IX (später IXa) von 1887

Bild 30 Zahnradmaschine IXa–441, in Freiburg aufgenommen (Sammlung Dr. Scheingraber)

Bild 31 Bissingers 2′B-Schnellzuglok der Gattung IIa (1888–1890) sollten die alten Iller ersetzen. Nr. 482 aus 1890 (Sammlung Dr. Scheingraber)

Bild 32 Die IIb war ein kaum veränderter Nachbau der IIa (1891). Hier die Nr. 80 (Archiv)

Bild 33 Die eleganten Innenzylinder-Schnellzuglok der Gattung IIc mit dem britischen Look leiteten die Ära Esser ein (1892) (Archiv)

Bild 33a Schnellzuglok IIc, gebaut von MBG Karlsruhe 1893 und 1897 (Sammlung Neddermeyer)

Bild 34 Die letzte Serie der IIc, 1900 von Hartmann in Chemnitz erbaut, hatte Windschneiden à la P.L.M. (Archiv)

Bild 34a IIc[5] von Hartmann mit Windschneide (1900) (Sammlung Neddermeyer)

Bild 35 VIId – 732 (Maffei 1902) war die letzte von insgesamt 109 C-n2v-Gütermaschinen, die Esser ab 1893 beschafft hat (Archiv)

Bild 36 Die ersten BB-n4v-Malletlokomotiven in Deutschland waren die badischen VIIIc (1893–1900). Hier die 695 von der Maschinenfabrik Esslingen 1900 (Werkaufnahme-Archiv)

Bild 37 Anfangs der neunziger Jahre kauften die Badischen Staatseisenbahnen (und die Pfälzischen Eisenbahnen) aus der Konkursmasse einer norwegischen Bahn mehrere D-n2, die Sharp & Stewart in Manchester 1886–1888 gebaut hatte. Hier ist die 184 dargestellt (Sammlung v. Rotberg)

Bild 38 Die 2′C-n4v-„Schwarzwaldlokomotive“ ist eine Konstruktion de Glehns (Gattung IVe) (Sammlung v. Rotberg)

Bild 39 IVe – 593 (1898) um 1900 in Mannheim (Sammlung Dr. Scheingraber)

Bild 40 Die 1′C-n2-Tenderlok VIa der MBG Karlsruhe konnte mit der gleichzeitig von Maffei entwickelten 1C1-T nicht konkurrieren. Es sind 1900 nur zwei Lok gebaut worden. Unser Bild zeigt die 538 und ist die einzige Aufnahme dieser Bauart (Sammlung v. Rotberg – Foto: Dr. Feißel)

Bild 41 Die erfolgreiche 1′C 1′-n2-Tenderlok VIb – 233 aus der Prototypenserie von Maffei (1900)

Bild 42 Die VIb ist 1914 in eine größere Heißdampflokomotive VIc weiterentwickelt worden. Hier VIc – 900, die erste von 135 Lok.

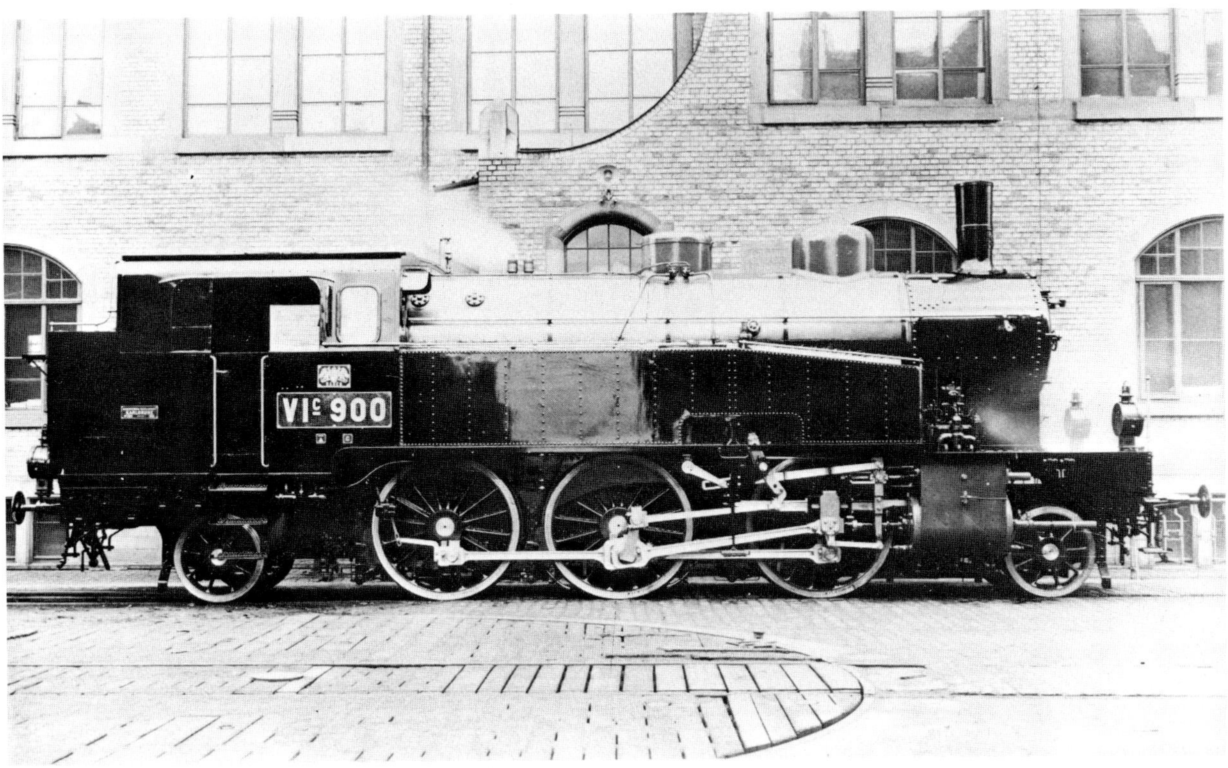

Bild 43 Von dieser D-n2-T mit Hagans-Triebwerk lieferte Henschel 1900 zwei Maschinen. Hier VIIId – 651 (Sammlung v. Rotberg-Archiv)

Bild 44 Die badischen „Atlantiks“ (2'B 1'-n4v) von Anton Hammel (Maffei), Gattung IId, waren die mächtigsten europäischen Schnellzuglok ihrer Zeit (1902)

Bild 45 Die in Karlsruhe 1905 nachgebauten IId hatten dicke „Blumentopf"-Schornsteine. IId – 734 in Offenburg (Foto: Dr. Schörner)

Bild 46 Die badische IVf war die erste deutsche „Pazifik" (2′C 1′-h4v). Aus ihr entwickelte Hammel die S 3/6. IVf – 757 von der MBG Karlsruhe (1909)

Bild 47 Lok IVf – 763 vor dem Lokschuppen (Sammlung v. Rotberg-Archiv)

Bild 48 Die Rangiermaschinen der Gattung Xb wurden 1907–1921 in 98 Stück für die großen Verschiebebahnhöfe beschafft. Unser Bild zeigt Xb – 869 (1915) im Mannheimer Rangierbahnhof mit provisorischer Reichsbahnaufschrift Anfang der zwanziger Jahre (Sammlung Dr. Scheingraber)

Bild 49 Die 1'D – Vierzylinder-Verbund-Güterzuglokomotive, Gattung VIIIe, ab 1908 mit Clench-Dampftrockner gebaut, wurde erst in der Heißdampfversion ab 1913 erfolgreich. VIIIe – 859 ist eine Heißdampflok

Bild 50 Die badische 1'B-h2-T der Gattung Ig (1914/16) ist aus der bayerischen Pt 2/3 entwickelt worden.

Bild 51 Eine Fehlkonstruktion war die 1'C 1'-n4v, Gattung IVg, der MBG Karlsruhe (1912). Die Generaldirektion hat die 5 Lok 1919 der französischen Abnahmekommission gerne untergeschoben.

Bild 52 C1′-n4(4v)-Zahnradmaschine für die Höllentalbahn, Gattung IXb. Von der Maschinenfabrik Esslingen wurden 1910 vier und 1921 drei weitere geliefert. IXb – 371 aus 1910

Bild 53 Die IVh stellt Abschluß und zugleich Höhepunkt der badischen Lokomotivgeschichte dar. IVh – 1006 (1919/20) im Ablieferungszustand (Foto: Wolff – Sammlung Dr. Mühl)

Bild 54 „Badische" G 12 – 996 auf dem Werkshof der MBG Karlsruhe 1919

Bild 55 P 8 – 1188 der „R.B.D. Karlsruhe". 1922 baute die MBG Karlsruhe 40 Stück für die badische Direktion.

Bild 56 Motorwagen Nr. 6607 der Gr. Badischen Staatseisenbahnen (Gruppe 133d). Dieser 1903 probeweise beschaffte Akkumulatoren-Triebwagen III. Klasse ist 1905, da er sich nicht bewährte, in einen BCCi (Gruppe 93a) umgebaut worden. Dieses Foto wird seit über 75 Jahren stets fälschlich als Pfalzbahnwagen vorgestellt (Sammlung Dr. Scheingraber)

Bild 57 Dampftriebwagen CidT 8 der Deutschen Bundesbahn, im Mai 1954 in Freiburg i. Br. aufgenommen. Es ist der badische 1007 von 1915 (Foto Dr. Scheingraber)

Bild 58 Elektrische 1'C 1'-Lokomotive A^2 1 der Wiesentalbahn 1912 (Sammlung Dr. Scheingraber)

Bild 59 Abteilwagen I./II. Klasse, zwischen 1861 und 1874 in 285 Stück gebaut (Sammlung Konrad)

Bild 60 Ehemaliger Höllentalbahn-Wagen II. Klasse von 1888, als Gleisbauzug-Mannschaftswagen 71 Jahre später (Foto: Dr. Scheingraber)

Bild 61 Den Abschluß der Entwicklung des zweiachsigen Durchgangswagens der ersten Generation bildet der Ci von 1901, Gruppe 108, mit 8 m Radstand (Sammlung v. Rotberg)

Bild 62 Der zweiachsige Durchgangs-Personenwagen III. Klasse „mit einfacher Ausstattung" – Ci, Gruppe 94, 1910 – steht am Anfang der zweiten Generation (Sammlung v. Rotberg)

Bild 63 Die badischen Ci der Gruppen 94 und 94a hatten, da sie auf die benachbarten Netze der Pfalz und Elsaß-Lothringens übergingen, wo die 4. Klasse eingeführt war, umkehrbare Klassentäfelchen mit „III" und IV"
(Sammlung v. Rotberg)

Bild 64 Bi, Gruppe 85b, gebaut 1912 bis 1915 (Sammlung v. Rotberg)

Bild 65 BCi, Gruppe 92a, gebaut 1911–1915, stellt die dritte Version des modernen Zweiachsers dar.
(Sammlung v. Rotberg)

Bild 66 Vierachsiger Durchgangs-Personenwagen III. Klasse mit Mittelgang von 1899/1900 – CCi, Gruppe 110 (Sammlung v. Rotberg)

Bild 67 CCi von 1902/03, Gruppe 110a, mit ungeteilten breiten Fenstern (Sammlung v. Rotberg)

Bild 68 Der dreiachsige Durchgangswagen ABi³, Gruppe 72a, ist als „Aussichtswagen“ 1904 nur in 4 Exemplaren gebaut worden. (Sammlung v. Rotberg)

Bild 69 Dreiachsige Abteilwagen wurden ab 1905 beschafft. Hier ein AB^3 der ersten Serie von 1905, Gruppe 21b (Sammlung v. Rotberg)

Bild 71 Rechts, oben: Vom C^3, Gruppe 55b, sind zwischen 1907 und 1921 insgesamt 396 Wagen beschafft worden („Mittelachse mit Schiebegestell") (Sammlung v. Rotberg)

Bild 72 Rechts, Mitte: Die badischen D-Zugwagen waren berühmt durch ihre breiten Fenster und ihre gediegene Innenausstattung. ABBü von 1907, Gruppe 76. (Sammlung v. Rotberg)

Bild 73 Rechts, unten: CCü, Gruppe 111b – 101 Wagen 1907 bis 1914 und Nachbau 1921 (Sammlung v. Rotberg)

Bild 70 AB^3 der zweiten Serie, Gruppe 21c, gebaut 1910 und 1913. (Sammlung v. Rotberg)

Bild 74 CCü, Gruppe 111b, Baujahr 1908 (Sammlung v. Rotberg)

Bild 75 Die zehn sechsachsigen ABBü der Gruppe 76a von 1908 stellten den Höhepunkt des badischen D-Zugwagens dar. Hier als B6ü im Jahr 1934 (Foto: Konrad)

Bild 76 Der Hof-Salonwagen des Großherzogs von Baden, 1916/18 von Fuchs in Heidelberg gebaut (Sammlung v. Rotberg)

Bild 77 Gepäckwagen P^3 von 1909, Gruppe 133e (Sammlung Dr. Scheingraber)

Bild 78 D-Zug-Gepäckwagen PPü, Gruppe 133d (1906–16) bei der DB (Foto: Dr. Scheingraber)

Bild 79 Blick in den alten Karlsruher Hauptbahnhof. Die Aufnahme dürfte um 1880 gemacht worden sein. Sie zeigt eine 2B der Gattung III, hinter dem Packwagen einen württembergischen Postwagen – erkennbar am überdimensionalen Oberlichtaufbau – und dahinter badische Abteilwagen. Höchstwahrscheinlich handelt es sich um den Stuttgarter Schnellzug, der hier gerade zusammengestellt wird (BD Karlsruhe)

Bild 80 Höllentalbahn-Zug vor der Jahrhundertwende. Hinter der Zahnradlok IXa folgen zwei offene Güterwagen mit Zahnradbremse, vier Personenwagen, Gepäckwagen und am Schluß der Aussichtswagen.

Bild 81 Das 1874 vollendete Gebäude der Generaldirektion der Großh. Badischen Staatseisenbahnen (BD Karlsruhe)